健康生活DIY

滋养全家人的烘焙DIY

摩天文传 ◎ 主编

本书从烘焙的材料挑选到健康烘焙的食材组合，深入挖掘烘焙的营养空间，搭配出既可口又营养全面的烘焙小餐点。本书从松脆饼干、营养面包、低糖蛋糕、营养布丁四大餐点入手，从时令蔬果取材，打造低卡、营养丰富的烘焙美食。烘焙食品是既美味又营养的能量餐点，只要材料拿捏得当就能够达到纤体瘦身、补充能量的目的。阅读完本书，可以使你成为烘焙大师，迅速找到美容纤体的甜蜜奥秘。

图书在版编目（CIP）数据

滋养全家人的烘焙DIY / 摩天文传主编. —北京：机械工业出版社，2014.9
（健康生活DIY）
ISBN 978-7-111-47537-8

Ⅰ.①滋… Ⅱ.①摩… Ⅲ.①烘焙—糕点加工 Ⅳ.①TS213.2

中国版本图书馆 CIP 数据核字（2014）第169988号

机械工业出版社（北京市百万庄大街22号 邮政编码100037）
策划编辑：谢欣新 章 钰 责任编辑：谢欣新 罗子超 封面设计：吕凤英
责任印制：乔 宇 版式设计：摩天文传 责任校对：聂美玲
北京汇林印务有限公司印刷

2014年10月第1版·第1次印刷
169mm×239mm · 8印张 · 156 千字
标准书号：ISBN 978-7-111-47537-8
定价：35.00元

凡购本书，如有缺页、倒页、脱页，由本社发行部调换

电话服务
社服务中心：（010）88361066
销 售 一 部：（010）68326294
销 售 二 部：（010）88379649
读者购书热线：（010）88379203

网络服务
教材网：http://www.cmpedu.com
机工官网：http://www.cmpbook.com
机工官博：http://weibo.com/cmp1952
封面无防伪标均为盗版

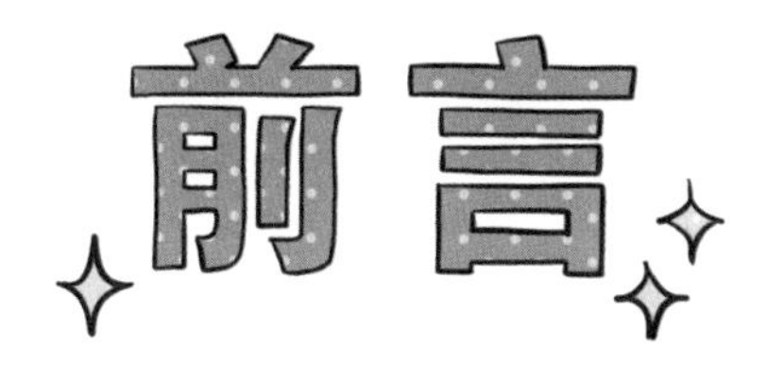

前言

烘焙店里琳琅满目的小餐点，或是从烘焙间里传来的阵阵香气，总会让人驻足。很多女性热爱甜点，又怕它的热量太高，不敢常吃。但是运动后、办公中、周末野餐时，又少不了这些便捷的小餐点。针对这个问题，本书将会为你介绍一些低油、低卡、低糖的健康烘焙小餐点，满足你味蕾需求的同时又不会让你为发胖而愁。

如果你是第一次制作烘焙，不必手忙脚乱也不必害怕失败。本书将会告诉你第一次烘焙需要准备的材料和器具，挑选最健康、最好食材的秘诀，餐点的科学储存方法等这些入门知识，让你省时、省心。

面对时间匆忙的清晨，你再也不必为了早餐而发愁；到了工作的午后，有健康增能的小甜点伺候；甚至是深夜感到饥饿时，也会有健康的小甜点为你解馋。低卡松脆的饼干、营养丰富的面包、低糖美味的蛋糕、原汁原味的布丁都是经过烘焙师精心挑选改良制作而成的，让你轻而易举就能拥有属于自己的幸福烘焙小铺。

周末约三两好友，或是与家人分享自己亲手烘焙的糕点，不仅健康还美味。别忘了将这本好书与亲友们一同分享！

本书由郭慕进行文字编辑和图片摄影，李淑芳进行内文排版和插画绘制，参与本书编写的还有陈静、杨柳、赵珏、胡婷婷、梁莉、曾盈希、黄迪、康璐颖、隆瑜、古雅静、王慧莲、黄雅知、张瑞真、李玲、王永根、曹静、王彦亮，在此一并致谢！书中不足之处，恳请读者朋友批评指正！

CONTENTS 目录

前言

第1章

新手必知 首次烘焙立马成功

002 自助烘焙需要准备的器具和设备
004 如何准备对纤体有益的烘焙材料
005 开始尝试烘焙前的基本准备
006 提高烘焙成功率的一次出炉达成法
007 各种常见烘焙材料作用分析
008 烘焙食品温度的设定
010 常见烘焙材料的用量换算
011 初学烘焙的热门问答
012 DIY 新手必知的烘焙术语
014 烘焙材料的基础处理
015 怎么储存烘焙材料

饼干/松饼类 慢享松脆健康满满

018 杏仁粒饼干
019 黑巧克力松饼
020 高纤燕麦果仁饼干
021 草莓松饼
022 海苔粗纤松饼
023 迷你南瓜饼干
024 红薯低糖饼干
025 香蕉燕麦低脂饼干
026 豆渣麦麸饼
027 原味松饼

028 无油蛋黄曲奇
029 榛子燕麦块
030 南瓜软饼干
031 全麦苏打饼干
032 燕麦高纤饼干
033 柠檬消化饼干
034 全麦核桃饼干
035 焦糖麦麸饼干
036 蔓越莓饼干
037 全麦消化饼

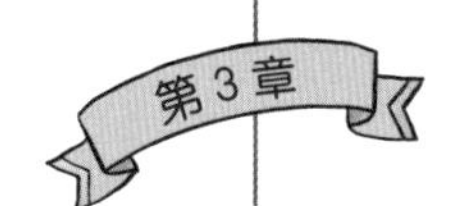

面包/吐司/三明治类 谷物营养满足味蕾

040 葡萄枣粒面包
041 藕香面包
042 核桃优格苏打面包
043 抹茶吐司
044 水果鲜蔬三明治
045 黑芝麻吐司
046 胡萝卜吐司
047 全麦菠菜面包
048 南瓜面包
049 黑巧克力吐司
050 全麦蜜枣面包
051 水果三明治
052 金枪鱼蔬菜三明治
053 全麦杂粮包
054 螺旋藻面包
055 燕麦小餐包
056 无油脂奶盐米饭吐司
057 红糖全麦面包
058 肉桂巧克力吐司
059 酸奶面包

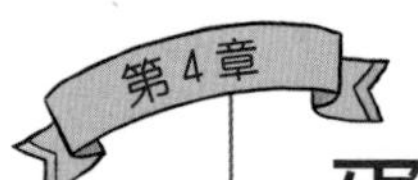

蛋糕/卷/马卡龙类 甜蜜风暴幸福满满

062 蛋白柠檬小蛋糕
063 红酒无花果蛋糕
064 芝麻南瓜卷
065 苹果香蕉卷
066 覆盆子莓果马卡龙
067 无油海绵蛋糕
068 香蕉蛋糕
069 百变酸奶蛋糕
070 胡萝卜蛋糕
071 红糖红枣酸奶司康
072 冻酸奶芝士蛋糕
073 无油舒芙蕾轻乳酪蛋糕
074 红枣红糖马芬
075 柠檬蛋糕
076 低脂红枣蛋糕
077 浓豆浆紫米戚风蛋糕
078 豆腐蛋糕杯
079 南瓜圈
080 豆渣蛋糕
081 南瓜马芬

布丁/慕斯类 舌尖享受美味满分

084 香醇豆乳布丁
085 杏仁牛奶布丁
086 芒果布丁
087 荔枝玫瑰慕斯
088 椰香甜薯慕斯
089 芒果慕斯
090 燕麦慕斯
091 蓝莓酸奶慕斯

092 抹茶清酒冻芝士
093 玫瑰布丁
094 草莓布丁
095 朗姆酒黑巧克力慕斯
096 酸奶慕斯
097 紫薯冻芝士
098 南瓜慕斯
099 南瓜牛奶布丁
100 桂花香橙慕斯
101 黑芝麻南瓜奶冻慕斯
102 洛神花草莓牛奶慕斯
103 菠菜慕斯

第6章 美味不妥协 烘焙甜点健康要诀

106 正确搭配饮品才能避免卡路里过量摄入
107 在正确的时间吃甜品，不用担心会发胖
109 晚间吃烘焙小点也不会胖的方法
110 活力纤体烘焙甜点早晨搭配要诀
111 避免热量超标的代谢喝水法
112 正在节食的人要避免的一些甜品和餐点
113 这些状态下吃烘焙甜点大有益处
114 吃烘焙吐司不易发胖的技巧
115 吃对面包，纤体轻松无烦恼
116 四种有益减肥纤体的烘焙饼干
117 烘焙甜点瘦身饮食法
118 下午茶烘焙甜点搭配不胖秘诀
119 改变甜食进餐顺序，轻松享“瘦”
120 坚持少糖少油的健康烘焙理念

闲暇周末，偶尔享受快乐的 DIY 时光，健康又减压。
如果你对于烘焙一窍不通，不用着急。
自助烘焙需要准备的器具和设备、哪种食材最纤体、怎样减少失误几率……
在烘焙的道路上少走弯路，让你的第一次烘焙就能轻松成功。
烘焙新手脑海中的疑虑，我们都会一一罗列并解答。

第 1 章

新手必知

首次烘焙立马成功

自助烘焙需要准备的器具和设备

俗话说，“工欲善其事，必先利其器”，烘焙的第一步就是准备相关工具。好的工具不仅上手快更易成功，还能激发你的制作欲望，让你一步步爱上有烘焙的生活。

打蛋器

打蛋器分为手动和电动两种。如果选择手动打蛋器，首先要仔细看钢丝的数量，钢丝越密越好。其次是对应食材的多少，食材越多就要选择越大的打蛋器，用起来会更顺手些。电动打蛋器的核心部件是马达，好的马达可以长久转动而发热量很小。如果预算足够，建议购买知名的品牌，马达会更耐用些。

打蛋盆

打蛋盆最常见的材质为不锈钢，但在高速搅拌和撞击之下，难免会有摩擦损耗，而这些磨损产生的金属微粒会在搅拌中融入食材。所以，千万不要贪便宜而购买劣质的打蛋盆。此外，还得关注盆底形状，大多数盆底会有死角，打蛋和混合面糊的时候不容易搅拌均匀，最好选购圆底且无死角的打蛋盆。

电子秤

电子秤主要是用来衡量各种食材重量的工具。在烘焙中，绝大多数的配方都会详细注明使用的各种食材的分量。一点点细微差别，也会令烘焙出来的点心口味改变甚至导致失败。购买烘焙用的电子秤最好能精确到 0.1g，因为烘焙中需要放酵母、盐等食材，所需的量都比较小。

量勺 / 量杯

量勺主要用于小单位的计量，比如 tsp（teaspoon 的缩写，意为茶匙，1 茶匙约等于 5ml），是测试液体体积的必备工具。如果需要称量更多的液体，那么最好使用量杯。另外，千万别用量勺去量粉末，因为各种粉质食材密度不同，不可能得出正确结论。

刮刀

刮刀是混合不同食材时最重要的工具。刮刀一般为直柄造型，柄端是硅胶材质，内芯是钢质，软硬适度。铲子状的刮刀是用来配合铸铁锅炒菜或熬煮果酱的，而窄一点的刮刀则用于小容器，主要用途是打果酱后用来刮壁，使用很方便。

筛子

烘焙时，筛子的用途是筛各种粉及过滤各种蛋液和布丁液。用于筛粉的筛子大致可以分为杯筛和圆筛两种。杯筛不占地方，筛粉速度较快，直接就是两次过筛，不过清洗时略微不便，而圆筛一次性能筛的量较多。另外，糖粉筛（用来筛糖粉、可可粉、抹茶粉）的孔需要比面粉筛更细一些。

抹刀

抹刀是用来抹平蛋糕表面奶油的小工具，主要分为曲柄 L 型和直柄两种。曲柄因为是弯曲的造型，抹平的时候不易碰到蛋糕，易于操作。而直柄抹刀抹圆面的时候更服贴。如果你是烘焙新手，建议两种类型各备 1 把。

温度计

如果做法式蛋白霜，或者是熬煮糖浆，就需要准备一个温度计，用来测量液体的温度。另外，如果购买的是小型烤箱，温度难免会有误差，也可以将温度计放在烤箱外监测温度。

油纸

烘焙时，在模具上铺上一层油纸，食物不会粘连，油汁也不会渗漏，还可以防止将烹调器具和餐具弄脏，便于后续工作的清洁。而且油纸还可以保持适度的蒸汽疏通，适合蒸煮，不仅适合烤箱使用，微波炉、蒸锅、蒸笼也都可以使用，还能用来代替屉布。

烤箱

烤箱是烘焙的重要工具，一个优质烤箱关键在于烤箱的结构要合理。选购时，最好选择内胆方正，箱体高度在 300mm 或 300mm 以上的箱体，这种烤箱受热会更均匀。照明灯能帮助观察箱体内食物的烘焙情况，如果预算许可就尽量选购带照明灯的烤箱。

如何准备对纤体有益的烘焙材料

可别小看了制作烘焙的材料，选取的材料决定了成品的热量。有纤体计划的女性更应该时刻把好食材关，别让吃进肚子里的食材变成增胖的“手榴弹”。聪明选材，还你一个苗条纤细的身材。

粗粮类：燕麦、黑米、紫薯、玉米

燕麦、黑米、紫薯、玉米这类粗粮不仅营养丰富，还能调节现代都市人由于爱吃肉导致的营养不均。最重要的是，这些粗粮普遍含有丰富的膳食纤维，能够帮助肠胃进行蠕动，加强肠道消化功能，而且还能使人的血糖维持在高水平。如有纤体计划，摄入适量的粗粮会让你的饱腹感更明显，如此一来就能乖乖管住乱吃的嘴。

水果类：蓝莓、柠檬、香橙、覆盆子

蓝莓、柠檬、香橙、覆盆子这类水果普遍含有丰富的维生素 C，可以补充由于减肥造成的维生素 C 流失与不足。而且蓝莓和覆盆子中的多酚类物质对脂肪具有分解作用，可以抑制脂肪的生成，是名副其实的“减肥水果”。多酚类物质还有出众的抗氧化功效，让你的肌肤不会因减肥而加速衰老。

蔬菜类：菠菜、南瓜、胡萝卜

菠菜、南瓜、胡萝卜是减肥族的食谱中常见的蔬菜，其中菠菜含水量高（90%~93%），而且热量很低，还是镁、铁、钾和维生素 A 的优质来源。南瓜中含有的不饱和脂肪酸可以通便利尿，对减肥很有帮助。而且南瓜的天然甜味还可以取代配方中的糖，降低烘焙成品的热量。胡萝卜含有的植物纤维能提高人体代谢率，帮助你达到自然减重的目的。

其他类：螺旋藻、金枪鱼

螺旋藻含有丰富的营养素，其中含有的苯丙氨酸还能抑制食欲，免除节食减肥给人带来的饥饿和营养不良之苦，使你在减肥的同时还保持旺盛的生命力。金枪鱼所含的脂肪酸，可以燃烧体内多余脂肪，维持血糖平衡。而且金枪鱼还可以增加饱腹感，降低胆固醇，保护心脏健康。

开始尝试烘焙前的基本准备

当你开始掀起烘焙世界一角时，是否已经迫不及待想要试试身手？且慢！在正式动手进行烘焙前，你还需要耐心地做些基本功课，准备得越充分，烘焙的成功率就越高。

保有适当期待

当你以新人之姿开始尝试烘焙时，你会经历成功也会经历失败，这并不意外。尤其是采用自学方式学习烘焙时，失败率会更高。所以，在开始烘焙前，进行适当的心理调适很有必要，无需苛求完美，享受过程的乐趣，保留适当期待更有利于你充分享受烘焙世界的奇妙。

从最简单学起

新手入门的时候，看到缤纷绚丽的蛋糕、饼干、面包成品图，相信一定会非常兴奋，特别想把每一样都一一试过。不过，请你千万要保持镇定，要相信这些烘焙你都可以做到，但得遵循先易后难的学习规律，一开始要从最简单的配方入手，这样比较容易成功，也更容易增强你的烘焙信心。

仔细观看配方

烘焙前，要留出至少 15min 的时间仔细观看配方材料，根据配方事先把材料都一一备好待用，甚至称好，以免在操作过程中因为找不到材料而带来不便或是导致失败。作为一个刚接触烘焙的新手来说，严格按照配方的材料比例和分量是非常有必要的，千万不要随意改动配方的分量或者添加其他材料。

理顺所有步骤

在动手烘焙之前，你需要对步骤进行理解，确保熟悉每一个步骤。所谓的理解，不仅仅是字面上的意思，脑海中要对每一步骤食材的外观和状态有初步的印象，最好选择有参考图的步骤来帮助你理解和辨识。

提高烘焙成功率的一次出炉达成法

采购回的工具，要充分清洗一次，晾干后再使用。其中以打发蛋白用的工具和容器最为重要，这些工具表面不能有水、油或其他物质，否则蛋白永远打不发。

Step1：确保食材品质

烘焙要用到的食材越新鲜越好。制作水果蛋糕时，最好使用新鲜的水果，次一点选择水果罐头。至于芝士，最好少量购买，并及时放入冰箱冷柜中贮藏。昂贵的芝士最好在本地购买，运输中要使用冰袋，以确保品质不会下降。

Step2：严格遵循配方

所谓遵循配方除了准备相应的食材，最重要的是称量。所有需要使用的食材都要按照配方进行精准称量。千万不要随意增改分量或添加额外的食材，一旦更改往往是导致成品失败的最主要因素。

Step3：把握操作时间

有的烘焙步骤对时间的要求很高，比如打发蛋白要一气呵成，如果中途要拍照，动作要加快。蛋白打发好了就要立即用，和蛋黄糊混合均匀。如果在打蛋白时动作拖拖拉拉，过于小心翼翼，会让蛋白消泡更迅速，从而导致成品的蓬松度下降。

Step4：摸清烤箱脾性

每台烤箱的实际温度和脾性都不尽相同，每次做蛋糕的尺寸和配料也不尽相同，所以不能照本宣科，完全依照配方上的烘烤时间。最好平时烘焙时多观察，记录下每次烘焙点心的尺寸和所需时间，摸清自家烤箱的脾性。在烘焙的过程中也要注意及时调整烘烤时间。

Step5：注意倒扣手法

明明严格按照配方和步骤进行烘焙，出炉的蛋糕还是失败了，这是为什么呢？问题往往就出在最后一步——倒扣。本来品相不错的蛋糕由于倒扣方法不对，蓬松的蛋糕就会变成实心的了。制作戚风蛋糕时，出炉后就应该即刻倒扣，动作要小心，倒扣时别压迫到蛋糕胚。

各种常见烘焙材料作用分析

高筋面粉、低筋面粉、泡打粉、玉米粉一定要分清。对于新人而言，认清各种材料的作用是进行烘焙前的重要一课。就让我们开启学习模式，一窥烘焙材料的“看家本领”。

高筋面粉

高筋面粉是自制面包的主要原料，个别蛋糕配方也会用到高筋面粉。高筋面粉的蛋白质含量平均为 13.5%，通常蛋白质含量在 11.5% 以上的就可叫作高筋面粉。蛋白质含量越高，筋度会越强。高筋面粉的作用是增进成品的弹性与口感，用高筋面粉制作出来的面包会有明显的“嚼劲”，就是常说的劲道感。

低筋面粉

低筋面粉是制作蛋糕的主要原料，是烘焙的必备材料之一。低筋面粉是指水分为 13.8%，粗蛋白质在 8.5% 以下的面粉，普遍用于蛋糕、饼干、酥皮类点心的制作。例如，做海绵蛋糕要选用低筋面粉，因为低筋面粉无筋力，制作出来的蛋糕特别松软，体积膨大，表面平整，口感软嫩。

泡打粉

泡打粉又称为发泡粉和发酵粉，是一种以苏打粉配合其他酸性材料，并以玉米粉作为填充剂的白色粉末。它主要用于粮食制品的快速发酵，常用来制作蛋糕、发糕、包子、馒头、酥饼、面包等食品。泡打粉接触水分后会释放气体，这些气体就使成品达到蓬松及松软的效果。

玉米淀粉

玉米淀粉是一种白色的细滑粉末，看起来和普通淀粉无异。千万不要以为烘焙里提到的玉米粉就是玉米面，这是两种完全不同的食材。玉米淀粉加在饼干中可以使饼干更加酥脆，比如玛格丽特饼干的配方里，就使用了大量的玉米淀粉，制作出来的成品就很酥脆，入口即化。

全麦面粉

全麦面粉并不是将整个麦粒直接磨碎的粗制品，事实上它是更加复杂的精制品。全麦面粉就是在用胚乳制成的普通面粉中添加磨制过的麸皮，对于面包、蛋糕制作有不同的用途，所添加的麸皮比例和麸皮大小、形状也各有不同。小麦的麸皮能提供丰富的膳食纤维，促进肠道蠕动，预防便秘。

黄油

黄油是把新鲜牛奶搅拌后，将上层的浓稠物滤去水分的产物，含有大量的脂肪，营养丰富。黄油是烘焙中最基础的原料之一，对成品的口味影响很大，添加了黄油的甜点口感会更绵密。黄油大多作为曲奇等饼干的起酥油，打发后能让饼干酥脆、蓬松。黄油还有天然的奶香味，加入西点中会散发浓郁的奶香，如制作大理石蛋糕、奶油曲奇等。

细砂糖

烘焙中使用的糖大多是细砂糖，这是烘焙中不可或缺的材料。细砂糖具有焦化的作用，烘烤的时候可以帮助面团上色。细砂糖不仅作为甜味剂，为烘焙增添甜味，还可以加强防腐效果，含糖量越高的配方，其保质期就越长。一般而言，如果减少了配方里糖的用量，烘烤温度要随之进行调整。

鸡蛋

鸡蛋不仅营养丰富，在烘焙甜点的制作中也和糖、面粉等原料一样起着极其重要的作用。鸡蛋和油脂搅打后会带入空气，使西点蓬松胀大，具有起泡、凝固和乳化的作用，而且鸡蛋中的蛋黄还能增加食物成色，增添食物的蛋香味。

烘焙食品温度的设定

烘焙的低、中、高温究竟如何界定，什么样的因素影响烘焙温度？走入本节，一一扫除你对温度的所有疑问。掌握烘焙的温度，打通烘焙的“任督二脉”，从此畅享烘焙成功的乐趣。

烘焙温度的概念

低 温	150 ~ 170℃
中 温	170 ~ 190℃
高 温	190℃ 以上

烘烤的匹配原则

低 温	少部分产品，如芝士蛋糕等
中 温	大部分产品
高 温	少部分产品，如起酥类、泡芙等

影响温度的因素

厚度

烘烤过程中，热力传递的主要方向是垂直的而不是水平的。因此，决定烘焙温度的主要因素是制品的厚度。总的来说，大而厚的制品比小而薄的制品所选择的炉温要低一些。

配料

油脂、糖、蛋、水果等配料在高温下容易烤焦或使制品的色泽过深，添加这些配料越丰富的制品所需要的炉温越低，否则容易因为烤焦导致成品失败。过高的温度还会破坏水果中的维生素，降低营养。

蒸汽

烤箱中如果有较多蒸汽，则可以允许制品在高一些的温度下烘烤，因为蒸汽能够推迟表皮的成型，减少表面色泽。烤箱中装载的制品越多，产生的蒸汽也越多，适合在较高的温度下烘烤。

密度

如果摆盘的制品比较密，可以适当提高底火，使热力均匀传播，不至于有的死角部位会烤不熟，受热不均匀。相反，如果摆盘的密度较低，则需要减低底火，以免烤焦制品。

常见烘焙材料的用量换算

烘焙材料在用量上需要极其精准，然而一些烘焙配方会出现诸如“一杯”“一小匙”这样的单位让你“云里雾里”。牢记各类材料的换算法则，初学者也能轻松上手。

固体 / 油脂类

1 杯（量杯）= 227g
1 大匙 = 15g
1 小匙 = 5g
1 磅 = 454g
1 盎司 = 28.37g
1 斤 = 1000g
1 台斤 = 600g
1 两 = 37.5g
1 钱 = 3.75g

液体类

1 杯（量杯）= 240ml
1 大匙 = 15ml
1 小匙 = 5ml
奶油 1 大匙 = 13g
色拉油 1 大匙 = 14g
牛奶 1 大匙 = 14ml

粉质类

面粉 1 杯 = 120g
1 大匙 = 7g
1 小匙 = 2.5g
玉米粉 1 大匙 = 12.6g
可可粉 1 大匙 = 7g
干酵母 1 大匙 = 7g
小苏打 1 小匙 = 4.7g
塔塔粉 1 小匙 = 3.2g

初学烘焙的热门问答

初学烘焙，总有一些疑惑盘旋在你的脑海里挥散不去。想要在最短的时间内学到最想掌握的技巧，不如从这里的问答中汲取智慧吧！

Q：什么是面包直接法、中种法？二者有何区别？

A：直接法又称为一次发酵法，是面包生产制作的步骤之一。中种法又称为二次发酵法，是指在制作过程中经过二次发酵。经过发酵阶段后面团能形成较好的网络组织，产生特有的面包发酵香味。二次发酵法因有较长时间的发酵，面团的效果和特性更为成熟。

Q：为什么盐和奶油在搅拌中要最后才能加入？

A：如果将盐和奶油与干性酵母同时加入会直接抑制酵母的生长，影响发酵的效果。而且盐最后加入能缩短搅拌时间，减少能源损耗。

Q：氧化成分添加剂能否和乳化成分添加剂同时使用？

A：添加剂是针对面包某一方面的特性不足而添加的辅助材料。氧化剂和乳化剂都是针对不同特性而使用的，不应混合使用。

Q：高糖酵母和低糖酵母有何区别？

A：高糖酵母和低糖酵母是根据酵母对原材料的适应能力而生产的。高糖酵母是在配方中含糖量为 10% 以上时使用的，低糖酵母在含糖量为 10% 以下时使用效果更为理想。

Q：卧式和面机与立式和面机有何区别？

A：卧式和面机的搅拌速度相对较慢，难以将面筋充分扩展，所以还需要经过压面机压面的方式帮助面筋充分结合。立式和面机的搅拌速度和机械结构能直接令面筋在搅拌中充分扩展，使用较为方便。

Q：烤盘放入烤箱中的位置会影响烘烤效果吗？

A: 会影响。大多数烘焙，要尽量把成品放置在烤箱的正中央，这样受热比较平均，烤出来的成品比较容易成功。不过如果是烤戚风蛋糕，烤盘位置要稍微放置得低一点，预留一些给戚风蛋糕往上膨胀的空间。

Q：做蛋糕用有盐奶油还是无盐奶油？

A: 做蛋糕的时候，最好使用无盐奶油。因为大部分蛋糕配方中，盐所占的比例很小。假如蛋糕配方中的奶油分量是 100g，因为比例的关系，使用有盐奶油与无盐奶油差别就很大，太多的盐会大大影响蛋糕成品的风味。如果是制作面包，可以使用有盐奶油。

Q：如何才能将动物性鲜奶油打好？

A: 要将奶油打发好，一定要使用乳脂肪含量在 35% 以上的动物性鲜奶油打发。如果是在夏天打发，温度较高，可以在一个大器皿内装上冰块，再把打鲜奶油的盆放在其中，这样隔着冰块比较容易打发；如果使用电动搅拌器，要选择低速挡，以便让空气慢慢进入。

Q：为什么蛋白霜要打到“尾巴”呈现挺立的状态？

A: 蛋白霜打到尾端坚挺，烤出来的蛋糕才有蓬松、柔软的口感。因为空气打进蛋白中会形成一个一个的小气孔，从而将面糊撑起来，这也是制作戚风蛋糕、海绵蛋糕不用加泡打粉会膨胀的原因。

Q：烤戚风蛋糕的时候，模具为什么不能抹油？

A: 戚风蛋糕之所以口感会蓬松、柔软，就是因为倒扣之后内部水分会蒸发，蛋糕不会回缩。所以戚风蛋糕都是会粘黏在模具上，这样倒扣时才有支撑力可以撑住。如果在模具里抹油，蛋糕不容易粘上，蓬松、柔软的口感会降低。

DIY 新手必知的烘焙术语

“戚风打法”“海绵打法”，你还在为这些专业的烘焙术语而头疼不已吗？烘焙术语好比英语里的词组，只要真正理解了其中的含义，再艰涩的烘焙书也能轻松阅读。

专业术语速查

戚风打法——即分蛋打法，将蛋白加糖打发成蛋白糖后，再与蛋黄和其他液态材料或粉类材料拌匀，最终拌和成面糊的状态。

海绵打法——即全蛋打法，将蛋白加蛋黄加糖一起搅拌至浓稠状，待搅拌物呈乳白色且勾起乳沫约 2 秒才滴下，再加入其他液态材料或粉类材料均匀拌和。

法式海绵打法——即分蛋法，将蛋白加 1/2 糖打发，蛋黄加 1/2 糖打发至乳白色，两者拌和后再加入其他粉类材料或液态材料拌匀。

天使蛋糕法——蛋白加塔塔粉打发起泡，加入 1/2 糖搅拌至湿性发泡状态，不可搅至干性；面粉加 1/2 糖过筛后加入之前搅拌好的蛋白。

糖油拌和法——首先将油类材料，如奶油打软，然后加糖搅拌至松软的绒毛状，接下来再加入蛋液拌匀，最后加入粉类材料拌匀。饼干类以及重奶油蛋糕都会用到糖油拌和法。

粉油拌和法——首先将油类材料加面粉打至膨松状态后加糖再打发呈绒毛状，然后加入蛋液搅拌至光滑状态。这种方法适用于含油量在 60 % 以上的配方中，如水果蛋糕。

湿性发泡——蛋白或鲜奶油打至起泡后加糖搅拌，最终呈现的状态是有纹路且颜色雪白光滑状，搅拌棒勾起时有弹性，能挺立，但尾端稍弯曲。

干性发泡——蛋白或鲜奶油打起泡后加糖搅拌，最终呈现的状态是纹路明显且颜色雪白光滑，勾起时有弹性而尾端挺直。

烘焙材料的基础处理

对于新手而言，事先对烘焙材料进行基础处理，能让你更快地进入状态。如果在中途一次性进行很可能让不熟练的你手忙脚乱，从而导致成品的失败。

过筛面粉

在细网筛子下面垫一张较厚的纸或直接筛在案板上，将面粉放入筛中连续筛两次，这样可让面粉蓬松，做出来的蛋糕品质也会比较好。如果加入其他干粉类材料，如泡打粉，则需要再筛一次，使所有材料都能充分混合在一起。

分开蛋白蛋黄

在碗边轻敲蛋壳，将鸡蛋破成两半后，在两半蛋壳之间，很快地把蛋黄交替倒入蛋壳中，使蛋白流到碗里。当然，也可以用蛋黄蛋白分离机，就能轻松分离蛋白和蛋黄。

打发鲜奶油

把鲜奶油倒入碗里，用球形打蛋器或电动搅拌器搅拌，直到形成柔软的小山尖形状。如果用来挤花，需要将奶油搅拌至顶端有点硬。要小心别打得太过，尤其在温暖的环境里，否则鲜奶油很容易凝结或者散开。

溶解吉利丁

吉利丁就是常说的鱼胶片，是制作布丁的主要材料。在使用前，必须泡在冷水中软化待其溶解后才能与其他材料一起混合使用。溶解吉利丁的比例是 1 茶匙的吉利丁配 1 大匙的水。

磨柠檬皮

用磨刨器最细的一面，把擦洗过或没上过蜡的柠檬表皮磨一磨，注意只磨取柠檬黄色的表皮即可。不要磨到表皮下带有苦味的白色柔软里层。如果是用刮皮器刮出的柠檬皮，要充分使用手腕的力量，保证刮出的柠檬皮均匀细腻。

怎么储存烘焙材料

在家自制烘焙，材料往往无法一次性用完，如果保存不当，就会造成浪费。分清各类烘焙材料的保存方法，将它们一一妥善“安置”，下一次再烘焙就不用担心会变质了。

烘焙材料储存小妙招

奶油 / 奶酪

用途：主要用来制作芝士蛋糕、面包、奶酪馅等，可增加成品的奶香味和细腻感。

保存：冷藏保存。将奶油、奶酪装入保鲜袋，然后放入冰箱的冷藏室内冷藏，这么做可以将奶油的保质期维持在半个月以上。

酵母粉

用途：辅助面包等点心进行发酵。加入酵母粉的面团会产生二氧化碳气体，在烘焙加热的条件下，这些气体会使面团变大成形。

保存：放在不透光的容器中，冷藏保存。

泡打粉

用途：使产品膨大，可改善产品组织颗粒及每一个气室的组织，使蛋糕组织有弹性，面糊的蛋白质增加韧性，防止气室互相粘黏，蛋糕组织更加细密。

保存：放在干燥、阴凉、密封的条件下保存，一般保质期为 12 个月。

小苏打粉

用途：一般用于酸性较重的蛋糕和西饼中。在巧克力点心中使用，可以中和酸碱度，使产品颜色较深。

保存：置于玻璃瓶里，盖紧瓶盖，置于阴凉、避光、干燥处存放。

塔塔粉

用途：用来降低蛋白碱性和煮化糖浆，在打发蛋白时添加，可增强蛋白的韧性，使打好的蛋白更加稳定。

保存：在常温下进行保存即可，此外要避开高温、湿气以及日光直射。

蛋糕乳化剂

使用：可帮助油、水在搅拌过程中更好地融合、乳化，不会油水分离，还能使面糊比重降低，改善蛋糕的品质。

保存：密封后冷藏保存即可。

面包改良剂

使用：用在面包配方中可改善面包的体积、组织及柔软性，延缓面包老化变硬，延长保存期限。

保存：密封后放在防潮、阴凉的地方存放即可。

饼干类是能储存时间较长又易于分享的烘焙小餐点，
用它作为下午茶，既能消除饥饿又能补充体能。
如果你爱吃又担心这些“小个子”会为你带来扰人的脂肪，
那么就跟着我们一起 DIY 高纤低糖的健康小餐点吧！

第 2 章

饼干 / 松饼类

慢享松脆健康满满

杏仁粒饼干
减肥养颜健康甜点

无盐黄油	130g
红糖	130g
全蛋	1 个
低筋面粉	330g
杏仁	适量

烘焙步骤

Step 1: 用擀面杖将红糖碾成细末，再加入黄油进行搅拌。
Step 2: 使用电动打蛋器将鸡蛋打至颜色浅淡，体积变大为止。
Step 3: 将鸡蛋液分为三次搅拌，一直打到十分柔软和均匀。
Step 4: 将低筋面粉慢慢筛入，然后再加入杏仁片，再轻柔地抓成面团。
Step 5: 将面团整理成长条，放入冰箱冷冻 30min 后切成 0.8cm 的圆片。
Step 6: 将烤箱预热至 180℃，烤箱中层烘烤 25min，关火再焖 10min 即可。

饼干物语

这款杏仁粒饼干香脆可口，令人充满幸福感。甜杏仁是一种健康食品，它能够降低人体的胆固醇，补充蛋白质、微量元素和维生素。它还含有一种对人体心脏有益的不饱和脂肪酸。甜杏仁中含有大量的纤维，能够让人减少饥饿感。这一款杏仁粒饼干，不仅不会让人增肥，还对减肥大有益处。

黑巧克力松饼
抗衰老润泽小点心

低筋面粉	170g
玉米油	20g
细砂糖	30g
牛奶	130ml
可可粉	20g
泡打粉	1/2 小勺
鸡蛋	2 个

烘焙步骤

Step 1: 把细砂糖加入鸡蛋中，慢慢打散，不需要打发。
Step 2: 在鸡蛋中加入牛奶轻轻搅拌均匀。
Step 3: 在鸡蛋中加入玉米油进行搅拌。
Step 4: 在鸡蛋中慢慢筛入低筋面粉和泡打粉。
Step 5: 加入可可粉，搅拌均匀，搅拌成面糊。
Step 6: 将面糊倒入松饼机中，完成制作。

饼干物语

这款黑巧克力松饼醇香美味，透着黑巧克力浓浓的香气，十分爽口。黑巧克力能保护人的心血管，还可以调节人的免疫功能，而且黑巧克力还被认为是快乐的巧克力，因为它可以提高人们对生活的乐观态度。所以，这款黑巧克力松饼既健康又美味，但是，黑巧克力不能多吃，在制作过程中应当少放黑巧克力。

高纤燕麦果仁饼干
美白减皱的餐后零食

燕麦片	100g
荞麦粉	50g
泡打粉	2g
鸡蛋	1个
橄榄油	50g
牛奶	30ml
红糖	20g
坚果碎	20g

烘焙步骤

Step 1: 将橄榄油、鸡蛋、牛奶和红糖混合，然后搅拌均匀留用。

Step 2: 将坚果碎块，再将核桃仁捣碎，混合在一起。

Step 3: 将以上两个步骤中的食材全部混合在一起，搅拌均匀。

Step 4: 向混合物中加入燕麦片、荞麦粉、泡打粉，混合均匀。

Step 5: 在烤盘中铺好油纸，将面糊攥成小团在烤盘上放好。

Step 6: 烤箱预热至 160℃，将烤盘放入，烘焙 20min 即可。

饼干物语

这款高纤燕麦果仁饼干酥软可口，甜而不腻，是一款十分适合女性的饼干。燕麦和荞麦中都含有丰富的纤维素，能够调节脾胃，对肠道也大有裨益，而牛奶有丰富的蛋白质，有增进营养的作用。这些食材搭配在一起共同制作的饼干，不仅味道极好，对人体的健康也大有好处。

草莓松饼
酸甜活力加强剂

牛奶	250ml
低筋面粉	220g
鸡蛋	2 个
黄油	30g
草莓	2~5 颗
糖	30g
盐	少许
柠檬汁	几滴

烘焙步骤

Step 1: 将牛奶、低筋面粉和盐混合搅拌均匀，然后再加入蛋黄进行搅拌。
Step 2: 将融化的黄油、糖准备好，留下备用。
Step 3: 把柠檬汁加入蛋白中打出粗泡，加入糖后，打至硬性发泡。
Step 4: 将蛋白和蛋黄混合，把不粘锅加热后倒入搅拌好的面糊。
Step 5: 小火煎到上面有泡泡，反面也要煎到出现金黄色为止。
Step 6: 把草莓加入做好的松饼中，然后再浇上奶油和草莓酱便可食用。

饼干物语

这款草莓松饼松脆清甜，颜色鲜艳，能够勾起人的食欲。草莓鲜美红嫩，其果肉多汁，营养价值很高，维生素 C 含量极高，能够清新口味、巩固牙龈和润泽喉咙，还可以促进肠道的蠕动，帮助消化。这款草莓松饼十分适合在夏天草莓正当季节的时候食用，可以令人胃口大开，但是，最好在饭后食用。

海苔粗纤松饼
清新抗衰的粗纤小口粮

黄油	75g
肉松	30g
海苔	2g
鸡蛋	50g
细砂糖	10g
盐	3g
泡打粉	3g

烘焙步骤

Step 1: 将黄油切成小块之后进行软化，然后把海苔剪碎后备用。
Step 2: 在低筋面粉中加入海苔末、肉松和泡打粉，混合均匀。
Step 3: 在黄油中加入糖和盐，用打蛋器打到颜色发白，体积稍稍膨大。
Step 4: 在黄油中分三次加入鸡蛋液，搅拌均匀，然后加入面粉混合物。
Step 5: 将面粉揉成光滑面团，擀成面片后，用刀切成小条放入烤盘中。
Step 6: 设置烤箱温度为 170℃，中上层烘烤 15min 左右即可。

饼干物语

这款海苔粗纤松饼有着清新的海洋气息，味道咸中带甜，口感丰富。海苔在营养保健方面是十分有益的。海苔中含有藻胆蛋白，可以降血糖和抗肿瘤，而海苔中的多糖物质又可以抗衰老和降血脂。这款海苔粗纤松饼可以算作粗粮的一种，其中的粗大纤维对人体的肠道是很有好处的。

迷你南瓜饼干
延缓衰老的小可爱

黄油	60g
糖粉	30g
熟南瓜	60g
盐	1/4 小勺
玉米淀粉	40g
低筋面粉	70g

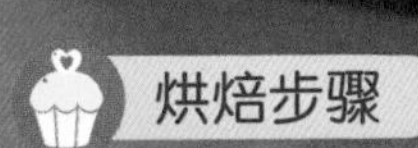

烘焙步骤

Step 1: 将黄油软化成柔软的固体，切忌溶解成液态，用打蛋器稍稍拌匀。
Step 2: 加入糖粉和盐之后继续用打蛋器搅拌，一直到颜色变浅、体积变大。
Step 3: 南瓜去皮去籽放入容器中，置微波炉中加热 7~10min，将南瓜压成泥状。
Step 4: 将南瓜泥和之前做好的黄油混合在一起，搅拌均匀。
Step 5: 将玉米淀粉和低筋面粉混合后，慢慢筛入南瓜黄油糊中，用手揉成面团，切成小面团。
Step 6: 烤箱预热至 160℃，将小面团放入烤箱下层，烘焙 15~20min 即可。

饼干物语

这款迷你南瓜松饼松软可口，慢慢咀嚼之下能品味出南瓜独特的香味。南瓜具有一定的食疗作用，可以增强脾胃功能，预防胃炎，还可以使皮肤变得更加细嫩。此外，南瓜还有补血的功效。这款迷你南瓜松饼使用南瓜作为主要食材，含糖量较低，十分适合糖尿病患者食用。

红薯低糖饼干
松脆健康的瘦身饼

红薯	120g
低筋面粉	100g
黄油	40g
糖粉	25g
蛋黄	1个

烘焙步骤

Step 1: 红薯切片后放入微波炉加热至熟，然后碾压制成红薯泥。
Step 2: 将黄油室温软化，加入糖粉后用打蛋器打发，再加入一个蛋黄。
Step 3: 将红薯泥和黄油蛋黄混合物充分混合，搅拌均匀，搅拌好后十分顺滑。
Step 4: 将筛好的低筋面粉加入到搅拌好的红薯泥中，和成面团放入保鲜袋。
Step 5: 将面团擀压成薄片做成长方形，放入冰箱冷藏 30min，取出后压出饼干形状。
Step 6: 烤箱预热至 175℃，放入中层，烘焙 20min 左右即可出炉。

饼干物语

这款红薯低糖饼干清脆清新，清甜不油腻，含糖量低，适合减肥的人食用。红薯中含有较多的粗大纤维，食用后令人产生饱腹感，还能促进人体的排泄功能，预防便秘、痔疮等，尤其适合排泄功能有障碍的人。这款饼干添加了鸡蛋，营养也十分充足。

香蕉燕麦低脂饼干
滋润美白的健康饼干

香蕉	3条（熟透的）
低筋面粉	80g
即食燕麦	150g
鸡蛋	1个
植物油	15g
小苏打粉	1/2小匙
蓝莓干	2把
砂糖	30g
巧克力豆	50g

烘焙步骤

Step 1: 鸡蛋打碎搅拌，加入植物油、低筋面粉后进行充分混合，搅拌均匀。
Step 2: 香蕉剥皮搅拌成泥状，然后加入到鸡蛋中混合均匀。
Step 3: 向鸡蛋中加入蓝莓干、巧克力豆、小苏打粉进行充分搅拌。
Step 4: 取燕麦放入到混合好的鸡蛋、香蕉、蓝莓干、巧克力豆中。
Step 5: 取适量混合物放入烤盘中。
Step 6: 烤箱预热至170℃，烘焙20min左右即可。

饼干物语

这款香蕉燕麦低脂饼干香脆清甜，加入蓝莓干更是清新爽口。香蕉热量较高，含有较多的微量元素和维生素，能够平稳血清素和褪黑素；燕麦中纤维较多，能够润滑肠道。这款香蕉燕麦低脂饼干油脂较低，可以调节人们的膳食结构需求。

豆渣麦麸饼
美味瘦身的保健饼干

豆渣	100g
低筋面粉	100g
糖	50g
油	80g

烘焙步骤

Step 1：先将豆渣炒干，然后和低筋面粉混合，并搅拌均匀。
Step 2：将油和糖混合后不停搅拌，一直到糖变细为止。
Step 3：将 Step1 和 Step2 所准备的材料全部混合均匀。
Step 4：将混合后的材料揉成面团，并用保鲜膜包装好。
Step 5：用擀面杖将面团擀成十分薄的薄片，做出饼干形状。
Step 6：将烤箱预热至 170℃左右，烘焙 10~15min 即可。

饼干物语

这款豆渣麦麸饼松松软软，稍有粗糙，但口味清甜，是午后茶点的不错选择。豆渣是制作豆腐过程中的副产品，大豆中的营养物质有很多都留在了豆渣中。豆渣含有丰富的食物纤维，可以降低胆固醇的含量，预防肠癌，还可以减肥。因此，这款豆渣麦麸饼是您健康甜点之选。

原味松饼
健康营养的低脂饼

低筋面粉	80g
鸡蛋	1个
脱脂牛奶	100ml

烘焙步骤

Step 1: 将鸡蛋打在碗中搅拌均匀，然后加入低筋面粉混合。
Step 2: 将脱脂牛奶放入到混合后的鸡蛋和低筋面粉中搅拌。
Step 3: 将最后混合的材料搅拌成面糊，静置 20min。
Step 4: 将面糊做成大小适宜的小面糊，或者做成自己喜欢的形状。
Step 5: 电饼铛预热后，将面糊放入电饼铛中，等待显示灯熄灭取出。
Step 6: 浇上蜂蜜和果酱，原味松饼便可以食用了。

饼干物语

这款原味松饼制作简单，口味清新，有着淡淡的香味，配料中仅添加了鸡蛋和脱脂牛奶。鸡蛋中含有优质蛋白，而脱脂牛奶中油脂很少，让这款松饼中蛋白质含量很足，且低脂的食物更适合现代人的饮食结构。虽说味道上并不多样，但是能吃出健康，也是早餐的好伴侣。

无油蛋黄曲奇
补水缓痛的瘦身点心

无盐动物性黄油	130g
鸡蛋	3 个
低筋面粉	50g
色拉油	20g
白糖	50g
盐	少许

烘焙步骤

Step 1: 将黄油提前软化，加入白糖后进行搅拌，打发成羽毛状。
Step 2: 将蛋黄加入黄油进行搅拌，充分搅拌均匀。
Step 3: 向黄油、鸡蛋和糖的混合物中加入色拉油，继续充分搅拌至均匀。
Step 4: 向搅拌均匀的混合物中筛入低筋面粉和盐，再次进行充分搅拌。
Step 5: 做好之后装入裱花袋中，挤出自己喜爱的形状。
Step 6: 烤箱预热至 150℃，烘焙 15min 左右即可出炉。

饼干物语

这款无油蛋黄曲奇清香清脆，不含油脂，十分健康。鸡蛋中的蛋白质大部分都在蛋黄中，蛋黄中还含有脂溶性维生素、单不饱和脂肪酸。蛋黄不但可以补水，令皮肤水嫩，还能够保护视力、治疗痛经等。但是蛋黄中含有较多的胆固醇，不宜吃太多，尤其是老年人，更不易多食。

榛子燕麦块
味美抗衰的消化饼

燕麦片	160g
黄油	90g
榛子	45g
红糖	20g
细砂糖	40g
蜂蜜	30g
低筋面粉	45g
亚麻籽	20g

烘焙步骤

Step 1: 将榛子切碎后放入烤箱，烤箱温度为 175℃为宜，烘焙 4min 左右后冷却备用，将亚麻籽同样处理。
Step 2: 将所有的干性材料放入碗中混合均匀，黄油放入另一碗中隔水加热成液态。
Step 3: 向黄油中加入红糖、细砂糖、蜂蜜，用打蛋器搅拌，使其混合均匀。
Step 4: 将所有准备好的干性材料倒入黄油中混合均匀搅拌至完全融合。
Step 5: 在烤盘中加入锡纸，把混合物倒入烤盘中，用勺子背压紧。
Step 6: 烤箱预热至 180℃，烘焙 25min 出炉冷却，切块即可食用。

饼干物语

这款榛子燕麦块味道香美，余味绵绵，虽略显粗糙，但并不影响口感。榛子中不仅含有人体 8 种必需的氨基酸以及多种微量元素、矿物质，还可以促进消化、防止衰老。

南瓜软饼干
美容嫩肤的绿色饼干

南瓜	200g
盐	少许

烘焙步骤

Step 1: 将生南瓜清洗干净，然后轻轻去皮，留下备用。
Step 2: 将南瓜切成薄厚适中的小薄片，把小薄片整齐码在碗中。
Step 3: 向碗中撒上一些盐，根据个人口味酌量添加，不需要其他调料。
Step 4: 用保鲜膜或者盖子蒙住装有南瓜的碗，如果使用保鲜盒，则不必扣紧盒盖。
Step 5: 将 700W 的微波炉调到高火，加热 10min。
Step 6: 取出南瓜后轻戳，如熟透了即可直接食用。

饼干物语

这款南瓜软饼干酥软香甜，细嫩滑润，口感极好。南瓜具有很高的药用价值和食用价值。南瓜中不仅含有丰富的胡萝卜素和维生素 C，增强脾胃功能，还能令皮肤更加细腻白皙，有美容功效。这款南瓜饼干制作简单，较多地保留了南瓜的营养物质，不添加任何佐料，更是绿色健康食品之选。

全麦苏打饼干
清脆营养健康小零食

低筋面粉	60g
高筋面粉	60g
全麦面粉	80g
黄油	30g
干酵母	5/4 小匙
糖粉	1/4 小匙
盐	1/2 小匙
小苏打	1/4 小匙
水	85ml

烘焙步骤

Step 1: 将软化的黄油、粉类（低筋面粉、高筋面粉和全麦面粉）、干酵母、盐、小苏打、水充分混合，并揉和成团。
Step 2: 把面团放在案板上揉 15min，揉好后用保鲜膜包起来。
Step 3: 将面团放在室温环境中 20min, 轻微发酵即可。
Step 4: 将面团三折擀面，最后擀成小薄片，并用叉子叉出均匀的小孔。
Step 5: 将面皮切成正方形小块，放入烤盘，喷洒一些水，再次发酵 20min。
Step 6: 发酵好了之后放入烤箱，烤箱预热至 170℃，烘焙 15min 左右即可。

饼干物语

这款全麦苏打饼干劲脆十足，可以根据自己的口味添加配料，比市场上的苏打饼更健康、实惠。近年来苏打饼干十分流行，因为这种饼干含糖量较少，口感清脆，十分适合现代年轻人的口味。

燕麦高纤饼干
美嫩肌肤的粗粮食

低筋面粉	90g
燕麦片	80g
植物油	60g
糖粉	65g
小苏打	2g

烘焙步骤

Step 1: 将低筋面粉、小苏打、糖粉混合，充分搅拌后加入燕麦片。
Step 2: 继续搅拌，至所有粉末全部混合均匀。
Step 3: 向混合的粉末中倒入植物油，混合均匀到无干粉为止。
Step 4: 将混合粉末搅拌成面糊，并将面糊分成大小适宜的小块。
Step 5: 将面糊均匀放入烤盘上，用勺子压成厚度适中的饼状。
Step 6: 烤箱预热至 180℃，烘焙 15min 左右即可。

饼干物语

这款燕麦高纤饼干酥软香甜，吃在嘴里细细品味一下，更是回味无穷。燕麦中含有的纤维较多，无论对脾胃、肠道，还是对皮肤都大有好处。坚持食用燕麦，能够增强脾胃功能，令皮肤更加细腻。这款饼干制作简单，还特别添加了小苏打，令口感更加丰富，饭后食用有益健康。

柠檬消化饼干
酸甜美白的饭后甜点

低筋面粉	100g
黄油	65g
糖粉	50g
新鲜柠檬汁	15ml
柠檬皮屑	1 小勺
盐	1/4 小勺

烘焙步骤

Step 1: 将柠檬拧汁，黄油切小块后软化，糖粉和盐放入碗中备用。
Step 2: 黄油放入碗中，混合均匀，再加入柠檬汁搅拌，不需打发黄油。
Step 3: 将低筋面粉放入黄油中，再倒入柠檬皮屑，搅拌均匀。
Step 4: 混合好的面糊搓成面团，滚成圆柱后用油纸卷起来放入冰箱冷冻。
Step 5: 冷冻 1.5 小时后取出，用刀切成薄片排好在烤盘上。
Step 6: 烤箱预热，薄片放入中层烘焙 15min 左右，饼干呈现金黄色即可。

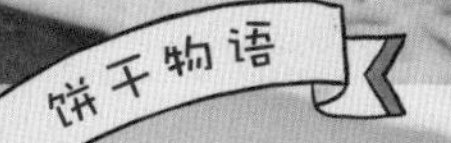

这款柠檬消化饼干酸甜可口，酥软美味。柠檬汁中含有丰富的维生素，可以增强血管的弹性和韧性，预防和治疗高血压，柠檬果皮中含有黄酮类化合物，具有很高的药用价值。这款饼干中加入了柠檬汁和柠檬皮屑，酸中带甜，能够勾起人的食欲，促进胃部吸收，是一款非常健康美味的饼干。

全麦核桃饼干
延缓衰老的营养饼干

全麦面粉	110g
低筋面粉	100g
黄油	105g
核桃碎	30g
鸡蛋	1个
糖粉	65g
泡打粉	1g

烘焙步骤

Step 1: 黄油软化后加入糖粉顺着一个方向搅拌，并打发成乳白色。

Step 2: 在黄油中加入一个鸡蛋，不停搅拌，将黄油和鸡蛋完全融合。

Step 3: 在混合物中加入低筋面粉、泡打粉、擀烂的核桃仁、全麦面粉。

Step 4: 将所有的原料加入后搅拌均匀，揉成面团，以面团不黏手为最好。

Step 5: 将面团放入保鲜袋中，再用擀面杖擀成面片，切成小块。

Step 6: 烤箱预热至 170℃，15min 左右即可出炉享用。

饼干物语

这款全麦核桃饼干干脆有力，香甜可口，有益健康。众所周知，核桃是补脑的最佳选择，能够增强记忆力，延缓细胞衰老。此外，核桃还可以减少肠道对胆固醇的吸收。这款饼干还特别添加了杏仁粉、鸡蛋，增加了许多优质蛋白质，营养又健康。这款饼干热量较高，营养丰富，十分适合作为早点食用。

焦糖麦麸饼干
香甜润肤的粗糙饼干

全麦面粉	100g
植物油	50g
细砂糖	50g
水	15ml
热水	25ml
小苏打	1/4 小匙
盐	1/4 小匙
杏仁粒	20g
黄油	50g

烘焙步骤

Step 1: 将细砂糖放入奶锅中，并向锅中加入 1 大勺水，小火加热。

Step 2: 将糖水煮到沸腾出现泡沫，继续用小火煮直到糖变成琥珀色时关火。

Step 3: 向锅中倒入热水，小心溅烫，然后将焦糖放置在一边进行冷却。

Step 4: 黄油切小块软化并加盐，把焦糖和黄油混合用打蛋器搅拌均匀。

Step 5: 混合物中加入全麦面粉和小苏打以及杏仁粒，做成面糊，擀成小薄片。

Step 6: 烤箱预热至 180℃，将薄面片放入烤盘，烘焙 13min，饼干外表变成焦红色即可。

饼干物语

这款焦糖麦麸饼干口味稍显粗糙，但是甜而不腻，口味丰富，十分受欢迎。这款饼干采用全麦面粉，因此营养较为齐全。自己制作焦糖十分简单，且健康。因此，喜欢焦糖口味的女性可以选择这款焦糖麦麸饼干，既美味，又能促进肠道的消化。

蔓越莓饼干 酸甜可口的点心

低筋面粉	115g
蔓越莓干	35g
鸡蛋液	15ml
黄油	75g
糖粉	60g

烘焙步骤

Step 1: 将黄油软化，然后加入糖粉搅拌均匀，不需要打发。
Step 2: 把鸡蛋打成鸡蛋液，加入碗里与黄油混合，搅拌均匀。
Step 3: 把越蔓莓干切碎（不要太碎），然后倒入碗中，也将低筋面粉倒入其中。
Step 4: 搅拌均匀，揉成面团，用手把面团整形成宽约 6cm，高约 4cm 的长方体。
Step 5: 将长方体面团放入冰箱冷冻室冷冻约 1 小时，直到面团变硬为止。
Step 6: 把面团切成约 7mm 厚的面片，放入烤盘，烤箱温度设为 165℃，中层烤 20min 左右即可。

饼干物语

这款蔓越莓饼干清甜美味，酥香松脆。蔓越莓酸甜可口，它含有的葡萄糖极易被人体吸收，含有的类黄酮可清除体内的自由基，延缓衰老，具有很好的食疗作用。但是这款饼干热量较高，因此减肥的女性要少食。

全麦消化饼
补血养颜的健康零食

全麦面粉	140g
植物油	60g
红糖	3 大匙
盐	1/2 匙
小苏打	1/2 匙
水	2 大匙
瓜子仁	1 大匙

烘焙步骤

Step 1: 将全麦粉、红糖、小苏打和盐放入大碗中，然后搅拌均匀。
Step 2: 向混合粉中加入植物油，然后进行充分搅拌。
Step 3: 向混合粉中加入水和瓜子仁，并做成面团。
Step 4: 将面团擀成 0.5cm 厚的饼，使用模子印成自己喜爱的形状。
Step 5: 饼干放在烤盘上，用叉子叉出一些 1/2 厚度的透气孔。
Step 6: 预热烤箱至 190℃，5min 后将饼干放入烤箱，烘焙 20min。

饼干物语

这款全麦消化饼香脆可口，甜而不腻，薄薄的一片嚼在嘴里很有味道。全麦营养丰富，比起其他经过加工制作的面粉类来说，营养更加全面。红糖有补血的功效，让这款全麦消化饼更具营养，且可以增强人的食欲，适合餐后食用。但是，这款全麦消化饼脂肪含量较多，热量较高，不宜过多食用。

早餐是一天中最需要营养均衡的一餐，
繁忙的工作让你不得不忽略最重要的第一餐。
在本章中，我们为你准备了美味又易于携带的面包，
色彩鲜艳、营养均衡的三明治以及制作简易的吐司，
让你能够多睡几分钟又能品尝营养的早餐。

第3章

面包/吐司/三明治类

谷物营养满足味蕾

葡萄枣粒面包
健康紧肤的甜点

黏米粉	110g
高筋面粉	110g
葡萄干	30g
红枣	30g
水	160ml
酵母	2g

烘焙步骤

Step 1: 向水中加入酵母粉后，将它们搅拌均匀。
Step 2: 倒入黏米粉和高筋面粉，搅拌均匀。
Step 3: 在面糊里倒入葡萄干和红枣碎，搅拌均匀。
Step 4: 在模具中抹油，将面糊慢慢地倒入模具中。
Step 5: 在面糊表面撒上些葡萄干和红枣碎，发酵至两倍大。
Step 6: 用锅中火蒸 20min 左右即可出炉。

面包物语

这款面包皮薄肉厚、口味香甜。红枣是补血的良方，而葡萄干营养成分丰富，能够维持和调节人体的生理机能，具有美容养颜、紧致肌肤、延缓衰老的作用。红枣和葡萄干搭配可以使皮肤红润亮丽。如果以这款面包做早餐，相信对于广大女性来说，是非常好的选择。

藕香面包
补血补气的早餐包

藕汁	290g
盐	2g
白砂糖	40g
高筋面粉	480g
酵母	4g
黄油	30g
鸡蛋	1个

烘焙步骤

Step 1: 连藕洗净去皮，然后制作成藕汁，过滤好藕渣备用。
Step 2: 将过滤好的藕汁与除了黄油外的所有材料混合，揉成面团。
Step 3: 加入黄油，再继续揉面，直至面团表面光滑有弹性，能拉出薄膜为止。
Step 4: 让面团自然发酵约至原来的两倍大，然后将面团排气后，再发酵 10min。
Step 5: 将面团分成等量的小长条，将其按压成椭圆形的薄片，卷成紧实的卷。
Step 6: 将面团放入烤盘做第二次发酵，并刷上全蛋液，烤箱预热至 155℃，烘烤 25min 即可。

面包物语

这款面包清新而不油腻，十分适合清淡口味的人群。藕中富含铁、钙等微量元素、植物蛋白质、维生素等，能够补气补血，还可以增强人体免疫力，增进食欲，促进消化。加上经过两次发酵的面粉，既健康又好吃。对于一些清晨没有食欲的人来说，这款面包可以说是非常不错的选择。

核桃优格苏打面包
清新酸甜的主食餐包

低筋面粉	200g
原味酸奶	185g
橄榄油	15ml
小苏打	4g
泡打粉	10g
盐	2g
核桃仁	40g

烘焙步骤

Step 1: 将低筋面粉、小苏打、泡打粉、盐等干性粉料混合均匀后倒入橄榄油。

Step 2: 用手轻轻拌一下，让面粉沾上橄榄油，充满小颗粒，再加入切碎的核桃仁搅拌均匀。

Step 3: 倒入酸奶，用手混合面粉与酸奶，使之成为面团。揉成面团后，放在案板上。

Step 4: 用擀面杖由中间向两端把面团擀成椭圆形，把椭圆形面团由上往下对折。

Step 5: 对折后旋转 90°，再次擀长对折，重复这个过程 10 次左右，直至面团光滑不黏手。

Step 6: 面团表面划一些口子喷一些水，立即放入预热至 200℃的烤箱，烘烤 35~40min 即可。

面包物语

这款面包口味清淡，适合慢慢咀嚼和细细品味。麦香和核桃的香气融合在一起，清甜可口。酸奶是现在流行的时尚健康饮品，而核桃又是自古以来补脑的最佳干果，再搭配上低筋面粉，是绝对绿色健康的食品。而且，这款面包十分适合想要减肥的女性，因为它的热量较低，酸奶又具有减肥的功效。

抹茶吐司
清新抗炎的绿色小餐包

高筋面粉	250g
糖	40g
鸡蛋	1个
牛奶	135ml
植物油	25ml
抹茶粉	10g
酵母	5g
盐	3g

烘焙步骤

Step 1: 将所有材料混合在一起进行轻揉，并放在温暖处发酵至原来的两倍大。
Step 2: 发酵好的面团光滑面向下进行对折，双手按压进行排气。
Step 3: 面团分成三份滚圆，并盖好保鲜膜松弛 15min，然后把面团擀成长条。
Step 4: 翻面后把面团卷成圆筒松弛 10min，再将面团擀成长条形。
Step 5: 翻面后再次卷成圆筒，并放入吐司模发酵，面团胀到九分满结束。
Step 6: 烤箱预热至 180℃，将吐司放入下层，上下火烤 30min 即可。

面包物语

这款抹茶土司制作简单，不需要繁琐的步骤，需要的食材也是非常常见的，是一款大众化的面包。抹茶是一种特殊的绿茶，茶多酚的存在令其越来越为人们所熟知，是绿色和健康的代言人。抹茶土司独特的清新绿色，能够为炎热的夏季带来丝丝清爽，是夏季 DIY 非常好的选择。

水果鲜蔬三明治
养颜香甜的午餐

吐司	4 片
火腿	1 片
西瓜	100g
苹果	100g
香蕉	100g
猕猴桃	100g
芹菜	100g
盐	少许

烘焙步骤

Step 1: 将西瓜、苹果、猕猴桃洗干净后切成小块，和香蕉放入搅拌机搅拌成泥。
Step 2: 将芹菜洗干净，用刀切成小块撒上盐，进行 5min 的腌制。
Step 3: 将吐司片切去四边的硬边，取一片吐司涂上搅拌成泥的果酱。
Step 4: 盖上一片吐司片，加上一片火腿后再盖上一片吐司片。
Step 5: 在吐司片上加入腌制好的芹菜，盖上最后一片吐司片。
Step 6: 将吐司对切成三角形，再对切成小三角形，插上 4 根牙签固定即可。

面包物语

这款三明治营养丰富，制作省时省力，十分适合爱偷懒又爱吃的女性。西瓜、苹果、香蕉、猕猴桃都是营养丰富的水果，芹菜又是热量极低且健康的蔬菜。这几种果蔬搭配在一起，清新自然，又健康养颜。这款三明治，加上火腿热量充足，集聚了健康和热量，是早餐的上上之选。

黑芝麻吐司
柔嫩光泽的早餐包

高筋面粉	250g
水	125ml
酵母	3g
糖	30g
鸡蛋	1 个
黄油	20g
奶粉	10g
黑芝麻	少许
盐	3g

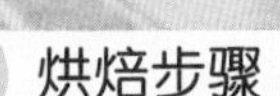

烘焙步骤

Step 1: 除黄油和黑芝麻外的材料放入面包机揉成面团，然后加黄油。
Step 2: 在面团中加入黑芝麻并搅拌均匀，放入盆中发酵至 2 倍大。
Step 3: 第二天将发酵好的面团取出，进行排气，分割成 3 份，再松弛 15min。
Step 4: 将面团擀成长条，翻面后卷起再松弛 15min，再次擀长卷起。
Step 5: 将擀好的面团放入吐司模中再次发酵，一直到八分满为止。
Step 6: 在面团上刷上蛋液，烤箱预热至 180℃，在下层烘焙 40min 即可。

面包物语

这款黑芝麻吐司香甜可口，经过两次发酵口感更具弹性。黑芝麻中含有丰富的维生素 E，既可以维护皮肤的柔嫩和光泽，又可以保养头发，还可以增强免疫力。这款黑芝麻吐司保证了主食的热量供应，又是绿色健康之选，无论是做早餐还是做茶点，都是不错的选择。

胡萝卜吐司
滋润细腻的蔬菜包

高筋面粉	350g
胡萝卜蓉	60g
奶粉	10g
蜂蜜	40g
盐	3g
酵母	2.5g
玉米胚芽油	10g
鸡蛋	1 个
水	110g
糖粉	30g
黄油	25g

烘焙步骤

Step 1: 将除黄油、鸡蛋之外的所有材料放入搅拌缸中打成团，再打至面团表面光滑，有弹性。

Step 2: 将黄油切小块加入面团，搅拌至面团完全扩展，放温暖湿润处发酵至两倍大。

Step 3: 面团取出，再用手轻压面团，排出大气泡，滚圆松弛 10min。

Step 4: 将面团进行排气处理后，分成等量的两份，发酵 15min。

Step 5: 擀卷一次后，再发酵 15min，二次擀卷并排放入吐司模中，进行最后的发酵。

Step 6: 发酵完成后，表面刷蛋液，烤箱预热至 165℃，放入烤箱下层烤 40min，面团上面遮盖锡纸即可。

面包物语

这款吐司经过两次发酵，更是弹性十足，口感劲道、丰富。胡萝卜中含有丰富的营养素，可以增强人体免疫功能，对眼睛十分有益。而蜂蜜的美容效果是众所周知的，它具有滋润营养皮肤的作用，可以令皮肤细腻、光滑。这款面包热量丰富，营养更是丰富，十分适合作为早餐面包食用。

全麦菠菜面包
细致抗衰老的蔬菜包

全麦面粉	400g
黑麦粉	50g
菠菜	150g
水	260ml
鸡蛋	1个
糖	5g
酵母	5g
盐	6g
橄榄油	少许
奶酪粉	少许

烘焙步骤

Step 1: 酵母放入30℃温水中，静置30min。
Step 2: 把全部的粉类、酵母水、鸡蛋混合，揉到面团出筋。
Step 3: 向面团中加入盐和橄榄油，揉到扩展加入菠菜叶子。
Step 4: 用切刀切割面团，然后叠加在一起，按平，再叠加，重复3~4次。
Step 5: 面团一次发酵60min，然后切割成3个面团，二次发酵45min。
Step 6: 烤箱预热上火250℃，下火220℃，面包上面涂橄榄油撒奶酪粉，16min后出炉。

面包物语

这款面包比起一般的全麦面包增添了咀嚼的口感，不但不会觉得粗糙，反倒会觉得很柔软，加入菠菜，更是增添了一抹清脆。菠菜的营养价值很高，含有丰富的维生素，常吃菠菜可以增强体质抗衰老，令皮肤细腻光滑。全麦与菠菜的搭配，可以说是健康绿色，制作出来的面包也令人赏心悦目。

南瓜面包 健脾美容的健康主食

南瓜泥	300g
高筋面粉	600g
牛奶	120ml
砂糖	60g
黄油	40g
鸡蛋	1个
耐糖酵母	10g

烘焙步骤

Step 1: 取40ml牛奶与南瓜一起倒入搅拌器，搅拌成泥状。
Step 2: 在面包机中倒入牛奶、南瓜泥、砂糖、高筋面粉、鸡蛋和酵母，进行揉面。
Step 3: 揉十多分钟后，面包机会停止，醒面，这时放入黄油。
Step 4: 用普通面包程序揉完后，停机，再启动发面程序揉面发面。
Step 5: 发好的面滚圆，进行分割，分割成大小适宜的面块，分盘烘培。
Step 6: 烤箱微微加热，放入一碗开水，把第一盘放进去发酵，第二盘常温发酵。

面包物语

这款面包加入南瓜，令口感更加细腻，做好的面包松脆可口。南瓜具有很高的食用价值，富含维生素，可以增强脾胃功能，还可以令皮肤更加细嫩。这样一款加入南瓜的面包，可以说是健脾、美容的健康面包。这款面包可以当做早餐，也可以在午后搭配一杯奶茶来享用，都是十分惬意的事。

黑巧克力吐司
抗氧化抗衰老的小面包

高筋面粉	185g
黑巧克力	45g
可可粉	15g
黄油	25g
鸡蛋	25g
细砂糖	25g
水	90ml
盐	2g
干酵母	3g

烘焙步骤

Step 1: 将黑巧克力切成小块和黄油一起隔水加热，并不断搅拌至融为液态，成巧克力酱。

Step 2: 将高筋面粉、可可粉等过筛，和细砂糖、盐和水混合均匀。

Step 3: 先前熬好的巧克力酱、鸡蛋液以及干酵母，揉成面团到扩展阶段，然后发酵。

Step 4: 发酵好的面团排气，15min 醒发后擀成椭圆形，并涂抹上巧克力酱。

Step 5: 面团卷成椭圆形，守口朝下放入烤盘，进行第二次发酵，发酵到原来的两倍大。

Step 6: 面团刷上蛋液，放入预热 180℃的烤箱，25~30min 即可出炉。

面包物语

这款黑巧克力面包香醇可口，口感丰富，加上经过了二次发酵，更是劲道十足。黑巧克力的脂肪含量要比普通巧克力低得多，吃黑巧克力可以保护心血管并控制食欲。黑巧克力具有抗氧化作用，可以延缓人的衰老。但是这款面包不能多吃，一天两块就够了，不要贪食。

全麦蜜枣面包
补血滋润的甜点

全麦面粉	120g
高筋面粉	少量
蜜枣	60g
盐	5g
干酵母	3g
无盐黄油	60g
蜂蜜	适量
温水	45ml

烘焙步骤

Step 1: 先把干酵母放在温水中静置 5min 备用，除蜜枣外的所有材料放入盆中搅拌均匀备用。
Step 2: 揉面 5min，做成光滑面团，揉好的面团发酵，直到面团发至原来的 2~2.5 倍大。
Step 3: 向面团中揉入蜜枣，将面团分成两份，做出喜爱的形状，放入烤盘中。
Step 4: 进行第二次发酵，大约 1 小时，等到面团是原来的 2 倍大小即可。
Step 5: 发酵好的面团撒上少许高筋面粉，再用刀划出几个口子来，放入烤盘中。
Step 6: 烤箱预热，大概 30min 左右即可，时间可根据烤箱自行调整。

面包物语

这款面包油而不腻，口感酥软，且不需要借助机器来揉面，自己动手揉出的面也十分劲道。蜜枣的营养价值很高，几乎所有鲜枣的营养成分，它都具备，对人体有很好的补益作用，搭配蜂蜜效果更佳。这款面包热量适宜，且营养丰富，十分适合作为早餐面包食用。

水果三明治
美容养颜的水果餐

白吐司	2 片
鲜奶油	100g
黄油	30g
草莓	2 个
猕猴桃	半个
香蕉	1/4 根
细砂糖	4g
香草精	2g

烘焙步骤

Step 1: 先把黄油在室温环境下进行软化，然后涂抹在吐司上面。
Step 2: 把草莓清洗干净并去蒂，猕猴桃去皮，香蕉剥开，分别切成小片。
Step 3: 细砂糖和香草精混合均匀，加入鲜奶油打发至出现纹路。
Step 4: 在两片涂过黄油的吐司上面均匀涂抹上一层鲜奶油。
Step 5: 将切好的水果，错落均匀地摆放在一片吐司上面。
Step 6: 再盖上一片吐司，轻轻压一下，切开之后便可以食用了。

面包物语

这款水果三明治清新自然，香甜可口，散发着水果的香甜气息。这款三明治选用的水果是草莓、猕猴桃和香蕉，颜色艳丽令人食欲大增，还具有美容养颜的功效。另外，可以根据自己的喜好，自行选择搭配的水果，但是一定要避免选择橙子等多汁的水果。水果三明治适合午后伴着一杯香醇奶茶共同享用。

金枪鱼蔬菜三明治
养颜减肥的瘦身餐

金枪鱼罐头	1个
番茄	半个
生菜	3片
橄榄油	5滴
椰菜	30g
全麦面包	4片

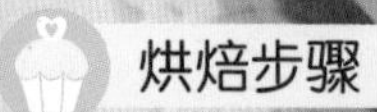

烘焙步骤

Step 1: 将面包放在烤箱里烤 10min 左右，表面成金黄色后取出来备用。
Step 2: 西红柿切成薄片，生菜清洗干净，全部备用。
Step 3: 将椰菜过水，然后加入少许盐，留取备用。
Step 4: 将金枪鱼均匀涂抹在面包片上，加少许黑胡椒，滴几滴橄榄油。
Step 5: 在面包中加入清洗好的生菜，可根据个人喜好多添加一些。
Step 6: 用西红柿压住生菜，最后放入椰菜，盖上一片面包片即可。

面包物语

这款面包味道鲜美，清新可口，能够给早餐补充充足的能量。金枪鱼肉质鲜美，脂肪含量较低，是女性美容养颜、健美减肥的健康食品，而且味道很好，是常用的料理之一。金枪鱼搭配蔬菜和全麦，自然是健康无比的面包了。在早晨吃上一块金枪鱼蔬菜三明治必定为一整天的工作打下良好的基础。

全麦杂粮包 瘦身健胃的粗糙小面包

高筋面粉	150g
全麦面粉	100g
生燕麦片	50g
水	180ml
橄榄油	15ml
糖	10g
盐	5g
酵母	3g

烘焙步骤

Step 1: 将所有的干性材料混合均匀，加入橄榄油和水揉成团，用力揉 10min。
Step 2: 面团在室温下发酵到原体积的 2.5 倍，大概需 1 小时左右。
Step 3: 面团排气，醒发 15min，用擀面杖擀开放在锡纸上用手压扁。
Step 4: 烤箱底部放一盘热水，将面团放入烤盘，进行第二次发酵，大概需 40min。
Step 5: 烤箱预热到 200℃，面团上撒上全麦面粉，并用刀切出一个“井”字。
Step 6: 烘焙 35min，表面呈金黄色即可出炉了。

面包物语

这款面包口感稍微有一些粗糙，透着粮食的香味，适合细细咀嚼和品味。这是一款全麦粗粮面包，对于肠胃不太好的人来说，有着增强脾胃的作用。全麦杂粮包可以切成小片夹上自己喜爱的蔬菜或者火腿、鸡蛋来食用。这款面包糖分较少，适合减肥人群食用。

螺旋藻面包
减肥护肤的主食包

高筋面粉	354g
全麦面粉	62g
螺旋藻粉	8g
速溶酵母	5g
小麦蛋白质	21g
麦芽精	4g
盐	10g
改良剂	1g
水	300ml
橄榄油	33g

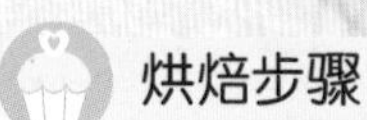

烘焙步骤

Step 1: 加水置于容器中，然后加入麦芽精、改良剂搅拌均匀。
Step 2: 除橄榄油外的材料放入搅拌机中搅拌，直到成为面团为止。
Step 3: 将橄榄油加入面团中继续搅拌，至扩展阶段，发酵 1 小时。
Step 4: 发酵后将气泡排出继续发酵 30min 左右，然后分割成小面团。
Step 5: 小面团封上保鲜膜松弛 10~15min，擀好后继续发酵到原体积的 2 倍大。
Step 6: 烤箱预热，上火 200℃，下火 190℃，烘焙 15min 即可。

面包物语

这款面包清新酥软，口感稍显粗糙，但是含糖量较低。螺旋藻是近年来被人们熟知的营养物，它具有很强的营养作用，无论对老年还是少儿，对男人还是女人均有不错的效果。尤其是在减肥、护肤和美容方面效果显著。螺旋藻面包更是可以作为每餐中的主食食用，十分健康。

燕麦小餐包
美白保湿的早餐

高筋面粉	200g
全麦面粉	50g
酵母	5g
砂糖	12g
水	170ml
盐	3g
燕麦片	适量

烘焙步骤

Step 1: 用一半的高筋面粉和全麦面粉加砂糖倒入盆中，用温水溶解酵母备用。
Step 2: 用溶解好的酵母、盐水和另一半的高筋面粉、全麦面粉加入搅拌均匀。
Step 3: 将面粉不断摔打成面团，捏至扩展阶段，加入燕麦片揉匀。
Step 4: 面团覆盖保鲜膜进行发酵大概 25min，然后排气，分割成 8 份。
Step 5: 面团盖上湿布静置 5min，盖上保鲜膜发酵，约 20min。
Step 6: 烤箱预热，面团放入烤箱中，约 190℃烘焙 8min 左右即可。

面包物语

这款面包松软香甜，香甜美味，不油腻。燕麦是公认的保健食品，有很高的美容价值，可以增强皮肤的活性，延缓皮肤的衰老，美白保湿，尤其针对干燥的皮肤。这款燕麦小餐包烘焙时间较短，油性较低，搭配牛奶的话，就是最美味的早餐选择了。

无油脂奶盐米饭吐司
营养瘦身的无油点心

高筋面粉	300g
牛奶	150ml
鸡蛋	1 个
糖	20g
盐	6g
酵母	3g
米饭	150g

烘焙步骤

Step 1: 将除米饭外的所有材料揉成面团，一直到扩展阶段，发酵到原体积的 2 倍大。
Step 2: 米饭晾凉之后，继续揉，一直到可以抻出透明的膜。
Step 3: 将面团分割成大小适宜的面块，静置 15min。
Step 4: 把面团擀卷两次，然后放入到吐司模中。
Step 5: 进行第二次发酵，一直发酵到原体积的 2.5 倍为止。
Step 6: 烤箱预热至 180℃，面团放入中下层，30~40min 即可。

面包物语

这款面包保持着谷物的天然香气和口感，加上米饭，增添了面包的柔韧度。这款面包虽说没有什么特殊食材，但是牛奶、鸡蛋的营养已经很丰富了，加上这款面包油脂含量较低，还将米饭加入其中，是十分适合女性的早餐面包。

红糖全麦面包
红润细嫩的全麦包

小麦粉	2 杯
水	1/8 杯
全麦面粉	1 杯
红糖	2 匙
菜籽油	2 匙
海盐	3/4 匙
酵母粉	1/4 匙

烘焙步骤

Step 1: 全麦面粉加温水、酵母、海盐调和好，反复揉捏。
Step 2: 烤箱预热至 60℃，将面团放入发酵 40min。
Step 3: 取出后补充水，然后根据自己喜好做造型。
Step 4: 在造型上刷上菜籽油、红糖水混合的料。
Step 5: 将烤箱预热至 150℃，设置 40min，将造型放入机器。
Step 6: 当烘焙 20min 时，翻面继续烤，40min 后可食用。

面包物语

这款面包香甜酥软，口味较淡，适合口味清淡的女性。红糖是未经提炼的粗糖，因此其营养物质保留得较为完整。红糖可以补血补气，活血化瘀，营养价值要比白糖高许多。这款面包低糖低油，又保留着红糖的营养物质，尤其适合女性食用，可以令皮肤细嫩红润。

肉桂巧克力吐司
美容瘦身的香浓早餐

高筋面粉	250g
水	170ml
奶粉	10g
可可粉	10g
盐	4g
细砂糖	2 匙
酵母粉	3g
肉桂粉	1 匙
巧克力豆	适量

烘焙步骤

Step 1: 将肉桂粉和细砂糖混合均匀，留取备用。
Step 2: 将所有的粉类全部倒进面包机，选择发面团程序。
Step 3: 发酵完成后，将面团取出来。
Step 4: 把面团擀成长椭圆形，铺上肉桂，撒上巧克力豆。
Step 5: 将椭圆形的两端向中间卷，卷好后把接缝拍一拍放回面包桶。
Step 6: 盖上盖子发酵至原体积的2倍大，用烘烤模式烘焙，放凉可食用。

面包物语

这款面包用料较足，香浓美味，十分有嚼头。肉桂经常被运用在医学上，是很好的药材之一。对于我们来说，肉桂有增强胃部功能的作用，还可以通经活络。此外，肉桂可以缓解痛经，还可以减肥瘦身。对于广大的女性来说，这款面包是非常不错的美容养颜、减肥瘦身的食品。

酸奶面包 提亮肤色的营养小点心

高筋面粉	250g
酸奶	160g
盐	4g
糖	4g
酵母	5g
燕麦片	适量

烘焙步骤

Step 1: 除燕麦片的所有材料混合揉成面团，再揉到有弹性可以拉出薄膜。
Step 2: 盖上保鲜膜于温暖湿润处发酵至原体积的 2 倍大（手指按下面团不回弹）。
Step 3: 取出排气后，将面团滚圆松弛 15~20min，再次排气。
Step 4: 将面团按压后擀成椭圆形，翻面后由上而下卷起，收口捏紧。
Step 5: 面团表面喷水，沾上燕麦片，温暖湿润处进行最后发酵至原体积的 2 倍大。
Step 6: 烤箱预热至 200℃，中层上下火，25min 左右即可。

面包物语

这款面包香甜酥脆，劲道十足，是十分开胃的小点心。酸奶在美容养颜方面卓有成效，又添加了燕麦片，营养丰富，能够令皮肤光亮自然。这款面包经过两次发酵而成，慢慢咀嚼，口感更佳。如果想吃得营养和健康，这款面包是非常不错的选择。

每个女生都对甜蜜的蛋糕情有独钟，但是又担心高热量会影响自己的身材。
利用巧思，将热量高的食材替换，
既能保留原始口感，又能减少热量的甜点绝对会让你赞不绝口。
不需要太多的顾虑，就可以享受甜蜜风暴带来的满满幸福！

第4章

蛋糕/卷/马卡龙类

甜蜜风暴幸福满满

蛋白柠檬小蛋糕
清新白嫩的小点心

低筋面粉	75g
黄油	50g
蛋白	3个
蛋黄	3个
细砂糖	70g
柠檬汁	15ml
盐	2g
柠檬皮	1个
香草精	几滴

烘焙步骤

Step 1: 柠檬洗干净，低筋面粉过筛两次，黄油隔水加热融化，备用。
Step 2: 蛋黄加部分糖、香草精，打至颜色泛白稍微浓稠一些，加入柠檬汁。
Step 3: 加入黄油快速搅拌，再加入低筋面粉稍稍搅拌，然后加入柠檬皮混合均匀。
Step 4: 蛋白加盐打至粗泡，加剩余糖打至中性发泡，1/3 蛋白霜与蛋黄混合均匀。
Step 5: 将混合物质倒入纸杯中，将烤箱预热至 180℃，烤 25min，取出晾凉。
Step 6: 在蛋糕表面抹一层糖霜，可添加一些巧克力豆。

蛋糕物语

这款蛋糕甜而不腻，酸甜可口，颜色也清新亮丽。柠檬具有很高的药用价值和营养价值。柠檬中含有柠檬酸，柠檬酸可以防止和消除皮肤色素沉着，减轻人体的疲劳，提高视力。对于爱美的女性来说，应该多食用一些。如果感觉口味太甜，可适当减少细砂糖的用量。

红酒无花果蛋糕
滋补营养的瘦身餐

奶油	350g
蛋黄	120g
细砂糖	300g
水	75ml
鲜奶油	190g
蛋白	115g
低筋面粉	450g
泡打粉	9g
无花果	300g
红酒	200ml

烘焙步骤

Step 1: 将奶油和蛋黄混合在一起打发，将细砂糖、水、鲜奶油一起煮成焦糖。
Step 2: 将 Step1 中制作的物质混合在一起打至绒毛状，备用。
Step 3: 将蛋白打成乳白状后加入细砂糖打成八分发，然后与 Step2 的材料混合。
Step 4: 将低筋面粉和泡打粉混合，加入到混合材料中混合均匀。
Step 5: 事先把无花果和红酒浸泡加入到混合材料中做成面糊。
Step 6: 上火 180℃，下火 160℃，烤 30min，下火调高 20℃继续烤 10min。

蛋糕物语

这款蛋糕醇香酥软，细细品味，味道更佳。红酒可以增强食欲，促进消化，还有减肥、利尿和杀菌的作用，对人体有滋补功能。而无花果也有补充营养、防癌抗癌、降低血脂和血压的作用。这些原料集聚在这款蛋糕中，为它的营养价值加分不少。这款蛋糕非常适合作为晚间甜点食用。

芝麻南瓜卷
美白祛斑的健康小花卷

面粉	450g
南瓜	200g
牛奶	50ml
盐	1/4 匙
细砂糖	1 匙 +1/4 匙 +1/4 匙
酵母	4g
醪糟	2 匙
色拉油	适量
熟芝麻	80g

烘焙步骤

Step 1: 南瓜切片放入微波容器蒸熟，加牛奶打成南瓜泥放入发面盆中。
Step 2: 向面盆中加入面粉、盐、细砂糖、醪糟搅拌均匀，揉成面团发酵 2 小时。
Step 3: 加一些面粉，用力揉面团排气，然后擀成长方形，表面刷上色拉油和细砂糖。
Step 4: 撒上芝麻，把面皮叠三层，切成 6 份，再切成 6 条，卷成一个小花卷。
Step 5: 蒸锅放水，把花卷放入蒸笼，盖上锅盖蒸 20min 左右。
Step 6: 蒸 20min 之后，将火开大，等上汽之后再蒸 15min 关火，5min 后可打开锅盖食用。

蛋糕物语

这款蛋糕和平时蒸的花卷有很多相似的地方，咀嚼起来十分有嚼劲儿。芝麻营养丰富，含有丰富的维生素及脂肪油和蛋白质，具有美白祛斑的功效，而且还可以润肠通便，一般人群都可以食用。再搭配上南瓜，更是有滋润温补的效果。这款蛋糕虽说油性较大，但是采用蒸食的方式，还是十分健康的。

苹果香蕉卷
抗衰抗氧化的水果餐

香蕉	1 根
苹果	1 个
鸡蛋	1 个
春卷皮	15 个

烘焙步骤

Step 1: 将香蕉去皮切成丁，苹果洗干净削皮后也切成丁。
Step 2: 将混合的水果丁放入搅拌机中搅拌成水果泥。
Step 3: 鸡蛋打散，在春卷皮上均匀涂抹鸡蛋液。
Step 4: 在春卷皮的中间放入水果泥，将皮卷起来两头一捏一扭。
Step 5: 油锅烧热，把火调小，把香蕉苹果卷下锅。
Step 6: 像炸油条一样不停翻炸，炸到金黄色出锅。

蛋糕物语

这款香蕉苹果卷外焦里嫩，一口下去香甜酥脆，要比春卷好吃得多。香蕉含有丰富的维生素，可帮助肠道蠕动，助于排便；苹果可强化骨骼和抗氧化，还有减肥作用。两种水果搭配在一起，既促进肠胃消化，又可以抗氧化，且不需添加任何佐料，非常绿色。但是，毕竟是油炸食品，不建议过多食用。

覆盆子莓果马卡龙 美丽抗衰的营养甜品

覆盆子粉	8g
糖粉	60g
杏仁粉	50g
蓝莓果泥	20g
蛋白	40g
糖	30g

烘焙步骤

Step 1: 将杏仁粉和覆盆子粉分别过筛，然后和糖粉、蓝莓果泥混合在一起。
Step 2: 将蛋白打至粗泡，然后加上盐打至细密泛白，制作成蛋白霜。
Step 3: 将粉类加入蛋白糊中不停搅拌，直到面糊均匀光滑。
Step 4: 根据自己的喜好挤出不同的形状，放置一段时间待形状定型。
Step 5: 烤箱预热至 70℃，热风烘烤 5min，中途开盖直到马卡龙形成糖皮。
Step 6: 烤箱预热至 220℃，上火 200℃，取下烤盘放到中下层，130℃上下火烤 10min。

蛋糕物语

这款覆盆子莓果马卡龙酸甜可口，颜色鲜艳，味道十分不错。覆盆子具有很高的药用价值，它的营养丰富，含有丰富的维生素和微量元素以及纤维。蓝莓果果肉细腻，含有花青素、有机酸、酚酸、果胶等，可以抗氧化，延缓衰老。这一款覆盆子莓果马卡龙不仅颜色极其令人喜爱，也给健康加了不少分。

无油海绵蛋糕
松软瘦身的低脂点心

鸡蛋	3 个
低筋面粉	60g
玉米淀粉	20g
糖	50g
牛奶	30ml
香草精	几滴
柠檬汁	几滴

烘焙步骤

Step 1: 在鸡蛋中加入糖，高速打发，大概 4min。
Step 2: 将打蛋器转到低速，一直到气泡消失，蛋糊细腻均匀。
Step 3: 将筛好的玉米淀粉和低筋面粉倒入鸡蛋中搅拌，加入香草精。
Step 4: 大幅度地刮拌，直到面糊细腻充盈而且有光泽。
Step 5: 把面糊装入模具中，八分满即可，剩余的面糊扔掉。
Step 6: 烤箱预热至 160℃，中下层进行烘焙，20min 左右。

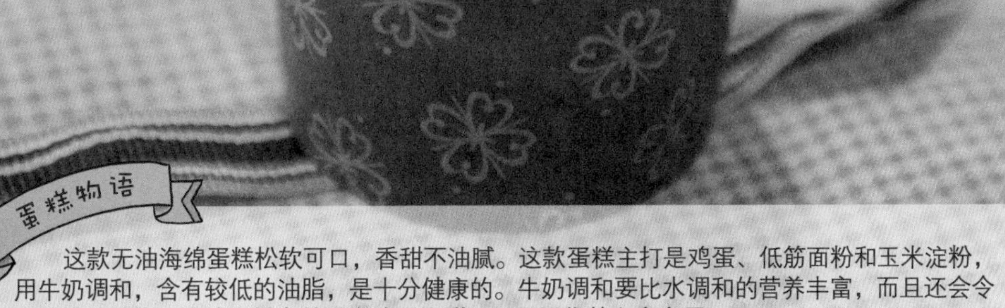

蛋糕物语

这款无油海绵蛋糕松软可口，香甜不油腻。这款蛋糕主打是鸡蛋、低筋面粉和玉米淀粉，用牛奶调和，含有较低的油脂，是十分健康的。牛奶调和要比水调和的营养丰富，而且还会令蛋糕格外松软。这款蛋糕尤其适合减肥人群，且可以代替主食食用。

香蕉蛋糕
释压促消化的早餐

香蕉	150g
鸡蛋	130g
低筋面粉	140g
细砂糖	100g
色拉油	1/4 杯
牛奶	1/4 杯

烘焙步骤

Step 1: 剥开香蕉，切成小块，然后搅拌成香蕉泥。
Step 2: 鸡蛋和细砂糖一起打发，直到颜色变白体积增大为止。
Step 3: 加入色拉油搅拌均匀，然后加入牛奶继续搅拌。
Step 4: 向液体中加入香蕉泥、低筋面粉，混合均匀。
Step 5: 将面糊倒入铺了油纸的烤盘中，烤箱预热至 150℃。
Step 6: 烘焙 40min，晾凉后撒一些防潮糖粉，切成小块即可食用。

蛋糕物语

这款香蕉蛋糕香醇甜腻，适合慢慢咀嚼和细细品味。香蕉属于高热量的水果，它含有丰富的微量元素和维生素，能够促进人的食欲，帮助消化，保护神经系统，还可以令肌肉松弛，尤其推荐一些工作压力较大的女性食用。将香蕉制成蛋糕，味道更佳，更能让人增强食欲，尤其是工作间隙，十分适合食用。

百变酸奶蛋糕
瘦身美白的百变零食

玉米淀粉	20g
鸡蛋	3 个
柠檬汁	几滴
低筋面粉	40g
酸奶	125g
白砂糖	40g

烘焙步骤

Step 1: 将蛋白和蛋黄分离，并把粉类准备好，留取备用。
Step 2: 在蛋黄中加入酸奶搅拌，然后加入过筛的低筋面粉和玉米淀粉。
Step 3: 在蛋白中滴几滴柠檬汁打至粗泡，分三次加入白砂糖，打发至硬挺。
Step 4: 将蛋白粉和蛋白糊分三次进行混合搅拌，搅拌均匀即可。
Step 5: 在烤盘上铺上油纸，轻轻震几下，去掉大气泡。
Step 6: 烤箱预热至 170℃，中下层烘焙，上下火，烘焙 35~40min。

蛋糕物语

这款蛋糕香甜松软，很有嚼劲。酸奶是经发酵之后的牛奶制品，有很多牛奶的优点，增强食欲、降低胆固醇，还能提高人体的免疫力，具有减肥瘦身的功效。酸奶因为制作工艺的原因，是更为适合人的营养饮品。这款蛋糕尤其适合想要减肥瘦身的女性，还可以根据自己的喜爱加入一些水果果酱等。

胡萝卜蛋糕
抗衰滋润的果蔬糕点

胡萝卜	100g
鸡蛋	150g
发酵粉	5g
小麦面粉	250g
葡萄干	30g
盐	2g
白砂糖	70g
植物油	15g
柠檬汁	10g

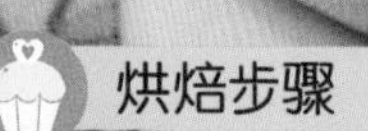

烘焙步骤

Step 1: 把胡萝卜洗干净后切成小块，然后磨碎轻轻拧干。
Step 2: 把蛋白打发至蓬松，然后加入白砂糖搅拌均匀。
Step 3: 然后向蛋白中加入蛋黄、植物油和胡萝卜碎。
Step 4: 把小麦面粉、发酵粉、盐混合在一起，搅拌均匀。
Step 5: 将混合粉和蛋白混合，然后加入柠檬汁拌匀。
Step 6: 把做好的面糊放入容器内撒上葡萄干，微波烤 4min。

蛋糕物语

这款蛋糕芳香柔软，有嚼劲儿。胡萝卜富含维生素，能够滋润皮肤和抗衰老。鸡蛋中含有优质蛋白和卵磷脂、卵黄素，能健脑益智，改善记忆力。小麦面粉中含有维生素和矿物质，能够养心益肾。这些食材搭配在一起，既健康又美味，能够有效改善人的体质。尤其适合工作间隙来上一块，十分惬意。

红糖红枣酸奶司康
养颜滋补的营养包

低筋面粉	100g
红枣酸奶	150g
红枣干	5g
红糖	250g
玉米油	30g
鸡蛋	2 个
泡打粉	70g

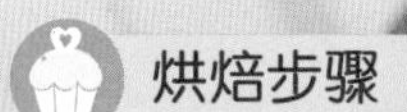

烘焙步骤

Step 1: 把红糖、红枣酸奶、油、鸡蛋等混合均匀，一直到红糖溶化。
Step 2: 把低筋面粉和泡打粉混合在一起搅拌均匀。
Step 3: 将粉类和 Step1 中的食材混合在一起，揉成面团，直到无干粉。
Step 4: 将红枣切碎，加入到面团中，继续揉合在一起。
Step 5: 面板上撒上面粉，将面团擀成 2cm 厚的片，切成 8 份。
Step 6: 烤箱上下火预热至 180℃，面团放入中层烤 20min 即可。

蛋糕物语

这款红糖红枣酸奶司康表皮香脆，内里柔嫩，口感十分丰富。红枣有补气补血的作用，尤其对女性来说有很好的滋补作用，红糖也较好地保留了营养物质，酸奶更是时尚健康饮品。这些食材搭配在一起，是十分适合女性食用的，能够令女人脸色红润，并改善四肢发凉的状态。

冻酸奶芝士蛋糕
清新细腻的健康甜品

奶油奶酪	200g
奥利奥饼干	100g
牛奶	50ml
吉利丁片	15g
奶油	100ml
砂糖	65g
柠檬汁	15ml
酸奶	180g
鸡蛋	1个
黄油	50g

烘焙步骤

Step 1: 将奥利奥饼干放入密封保鲜袋，然后用擀面杖敲碎。
Step 2: 将黄油软化，吉利丁片泡冷水软化，奶油奶酪也室温软化。
Step 3: 将黄油和饼干碎混合在一起，倒入模具盖保鲜膜，冰箱冷藏。
Step 4: 将奶油奶酪和砂糖打发，加入蛋黄、柠檬汁和酸奶，搅拌成芝士糊。
Step 5: 牛奶和奶油放微波炉高火加热 1min，加入吉利丁片和芝士糊，搅拌均匀。
Step 6: 将芝士糊倒入模具，盖保鲜膜冰箱冷藏 4 小时，取出后即可食用。

蛋糕物语

这款蛋糕味道清新，有弹性，十分细腻。奶酪又被称为奶黄金，里面含有许多的优质蛋白质，还含有各类维生素以及微量矿物质元素。奶酪有促进记忆、改善脑功能、镇痛等作用，还具有良好的风味和细腻的口感，深受人们的喜爱。这款蛋糕中又加入了鸡蛋、黄油、牛奶等，是十分健康的营养蛋糕。

无油舒芙蕾轻乳酪蛋糕
细腻美白的美味点心

原味酸奶	400g
鸡蛋	3 个
糖	50g
黏米粉	30g
芝士粉	10g
牛奶	170ml
炼乳	15ml
柠檬汁	15ml

烘焙步骤

Step 1: 原味酸奶进行冷藏脱水，鸡蛋清和蛋黄分别加糖打发至泛白，备用。
Step 2: 向蛋黄中倒入脱水的酸奶、黏米粉和芝士粉，用打蛋器搅拌均匀。
Step 3: 在蛋黄中再加入炼乳、牛奶、柠檬汁，继续搅拌均匀。
Step 4: 将 1/3 的蛋清倒入蛋黄中翻拌，搅拌成面糊状。
Step 5: 将面糊倒入烤模，烤模放在烤盘上，烤盘内注入热水。
Step 6: 烤箱预热至 160℃，中层隔水上下火烤 45~50min 即可。

蛋糕物语

这款蛋糕松软绵滑，入口即化，冷藏之后口味更加轻柔。酸奶是如今流行的饮品，既健康又美味，而炼乳是一种奶制品，里面含有较多的碳水化合物和抗坏血酸，其他成分如蛋白质、脂肪、矿物质等均含量丰富。这款蛋糕不仅可以给健康加分，还可以起到美白细嫩皮肤的作用。

红枣红糖马芬
祛斑缓衰的补血佳品

红枣干	150g
红糖	75g
低筋面粉	250g
植物油	70g
鸡蛋	2个
水	200ml
泡打粉	12g
盐	5g

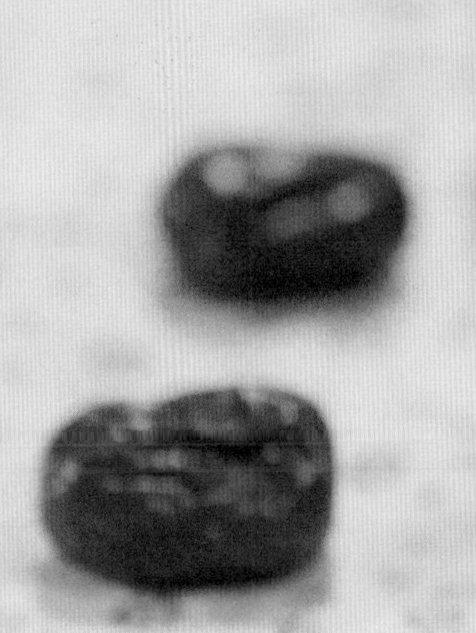

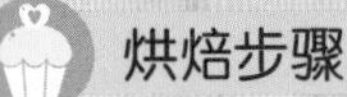

烘焙步骤

Step 1: 将红枣干去核后放入搅拌机中，搅拌成碎末备用。
Step 2: 把泡打粉和低筋面粉混合在一起，搅拌均匀。
Step 3: 将红枣干和红糖放入混合粉中，混合均匀。
Step 4: 将全部材料都放入盆中，一直搅拌成面糊状态。
Step 5: 将面糊分别装入小纸杯中，或者使用裱花袋。
Step 6: 烤箱预热至 200℃，上下火放入中层烘焙 15min 即可。

蛋糕物语

这款红糖红枣马芬口感软绵，令人回味无穷。红枣可以养颜补血，促进人体造血，防治贫血，能够让肌肤越来越红润，还可以美白祛斑、延缓衰老，而红糖也有类似的效果。鸡蛋含有优质蛋白，为这款蛋糕又增添了优质蛋白质。因此，这款红糖红枣马芬十分适合老人和女性食用。

柠檬蛋糕
酸甜补血的小甜点

低筋面粉	90g
柠檬皮丁	4g
鸡蛋	3个
泡打粉	3g
蜂蜜	15g
白糖	80g
黄油	90g
杏仁片	10g

烘焙步骤

Step 1: 将鸡蛋中的蛋白和蛋黄分离，在蛋黄中加入糖、柠檬皮丁和蜂蜜。
Step 2: 蛋白加糖分三次进行打发，然后将一半放入蛋黄的糊中搅拌均匀。
Step 3: 将低筋面粉和泡打粉混合，慢慢放入蛋糊中，搅拌均匀。
Step 4: 将黄油软化，分几次放入面糊，混合完全后搅拌均匀。
Step 5: 将面糊倒入事先准备好的模具中，定型，撒上杏仁片。
Step 6: 将烤箱预热至180℃，面糊放入中层，上下火烘焙15min即可。

蛋糕物语

这款柠檬蛋糕口感轻盈，清新酸甜，能增强食欲，让人胃口大开。柠檬富含维生素C、糖类、钙、磷、维生素B_1、维生素B_2、柠檬酸、苹果酸等，是最有药用价值的水果之一。它能预防感冒、刺激造血等作用。这款柠檬蛋糕，仅使用蜂蜜调和，较好地保留了柠檬的味道，非常适合年轻人的口味。

低脂红枣蛋糕
补血养颜的瘦身早餐

低筋面粉	90g
红糖	60g
鸡蛋	1个
红枣干	135g
水	150ml
黄油	30g
泡打粉	3g
小苏打	1/2 匙

烘焙步骤

Step 1: 将红枣去核后切细，放入小锅中，加水，把水煮开后加小苏打。
Step 2: 向锅中加入黄油，将黄油融化，最后加入红糖搅拌。
Step 3: 将低筋面粉和泡打粉混合，把锅中的食材和粉类混合。
Step 4: 将鸡蛋打开，然后打发至发泡放入到面糊中，用力搅拌。
Step 5: 把面糊轻轻倒入模具中，七分满即可。
Step 6: 烤箱预热至 180℃，中层烘焙 15min，蛋糕完全膨起即可。

蛋糕物语

这款低脂红枣蛋糕独具浓郁的香气，混着红枣风味，十分可口。红枣补血，能让肌肤焕发红润和光彩。这款蛋糕脂肪含量较低，对于一些血脂高的人来说十分适合食用，而且这款蛋糕不仅口感不错，还能吃出红润，吃出健康。但是，这款蛋糕热量不高，并不适合早餐食用。

浓豆浆紫米戚风蛋糕
强身健体的养生餐

鸡蛋	4个
浓豆浆	60g
玉米油	15g
糖粉	20g
紫米粉	50g
低筋面粉	30g
无糖甜味改良剂	6g

烘焙步骤

Step 1: 将鸡蛋打开，把蛋黄和蛋白分离，在蛋黄中加入无糖甜味改良剂。
Step 2: 在蛋黄中加入玉米油，搅拌均匀后把浓豆浆倒入，搅拌均匀。
Step 3: 把紫米粉和低筋面粉筛过之后混合在一起，搅拌成面糊。
Step 4: 向蛋清中加入糖粉，用力搅拌成蛋白霜为止。
Step 5: 将蛋白霜和面糊混合，翻拌均匀后倒入模具中。
Step 6: 烤箱预热至 180℃，面糊放入中层，烘焙 35~40min 即可。

蛋糕物语

这款浓豆浆紫米戚风蛋糕酥软香甜，清新又自然。豆浆富含维生素，能够促进新陈代谢，还可以令肠道更加顺畅，降低胆固醇，具有强身健体的功效。紫米富含蛋白质，可以清除自由基，还有改善心肌营养等作用。这些食材搭配在一起，让这款蛋糕不仅口感丰富，还成为强身健体的养生食品。

豆腐蛋糕杯
抗衰老的清香糕点

鸡蛋	4个
低筋面粉	75g
豆腐	90g
细砂糖	40g
纯牛奶	40ml
葵花籽油	20g
瓜子仁	5g

烘焙步骤

Step 1: 鸡蛋打开，将蛋黄去掉，只留下蛋清备用。
Step 2: 将豆腐粗糙的表面切掉，留下部分切成小块过筛。
Step 3: 把豆腐放入牛奶中，滴加葵花籽油，搅拌均匀。
Step 4: 向豆腐中加入低筋面粉，搅拌成糊状，把蛋清打发后加细砂糖。
Step 5: 将豆腐糊和蛋清混合，翻拌均匀，撒上瓜子仁后放入烤杯中七分满即可。
Step 6: 烤箱预热，将豆腐糊放入下层，烤箱预热至150℃，烘焙45min即可。

蛋糕物语

这款豆腐蛋糕杯由内而外散发着清香的豆腐味道。在我国，无论南方还是北方，人们都喜欢以豆腐为食。豆腐可以预防各种疾病，比如心血管疾病和糖尿病等，还可以防止衰老和加快新陈代谢。这款豆腐蛋糕只添加蛋白，去掉蛋黄，无需担心胆固醇，是一款健康美味的蛋糕。

南瓜圈
美容护肤的松软饼

鸡蛋	5个
低筋面粉	80g
南瓜泥	100g
玉米油	60g
白砂糖	80g
柠檬汁	少许
葡萄干	1把

烘焙步骤

Step 1: 在过筛好的低筋面粉中加入1把葡萄干。
Step 2: 鸡蛋破开，取出蛋黄，向蛋黄中加入少许糖搅拌。
Step 3: 在蛋黄中加入玉米油和南瓜泥，搅拌均匀。
Step 4: 向蛋黄中筛入低筋面粉，在蛋白中加柠檬汁和糖打发备用。
Step 5: 把蛋白糊和蛋黄糊混合，在表面刷上蛋液。
Step 6: 烤箱预热至150℃，中下层烘焙60min即可。

蛋糕物语

这款南瓜圈口感香甜松软，制作精美。南瓜好处多，它可以抗衰老，还可以软化血管，安神健脑，美容护肤。这款南瓜圈在制作中特别添加了鸡蛋，并使用玉米油调味，营养更加丰富，十分健康。但是，因为蛋黄使用较多，不适宜大量食用。

豆渣蛋糕
清甜瘦身的甜甜糕

低筋面粉	60g
豆渣	80g
鸡蛋	4个
白糖	30g
玉米油	40ml
柠檬汁	少许

烘焙步骤

Step 1：将鸡蛋中的蛋黄和蛋白分离，把蛋黄打散加玉米油搅拌均匀。
Step 2：向蛋黄和蛋白中分别加入豆渣和提前过筛好的低筋面粉。
Step 3：在蛋白中加入柠檬汁，分三次加糖进行打发。
Step 4：将1/3蛋白加入到蛋黄面糊中，搅拌均匀。
Step 5：把面糊倒入蛋白的盆中拌匀，放入模具中。
Step 6：烤箱预热至175℃，烘焙25~35min，取出倒扣晾凉后脱模。

蛋糕物语

这款豆渣蛋糕松软甘甜，细细咀嚼能感觉到豆渣的清新香气。豆渣是制作豆腐过程中的副产品，保留了较多的营养物质，有丰富的食物纤维，能够降低血液中的胆固醇，还有减肥的作用。这款豆渣蛋糕没有添加过多的辅料，较完整地保留了豆渣的味道和营养，十分适合作为早餐食用。

南瓜马芬
美容护肤的松软饼

葡萄干	60g
朗姆酒	60ml
鸡蛋	2 个
细砂糖	100g
盐	1/4 匙
色拉油	100ml
南瓜泥	200g
牛奶	70ml
低筋面粉	160g
南瓜籽	10g

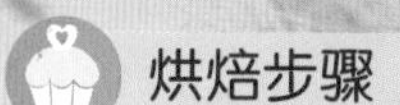

烘焙步骤

Step 1: 用朗姆酒将葡萄干泡软，鸡蛋加入细砂糖和盐打发，加色拉油。
Step 2: 把南瓜泥加入到鸡蛋液中，用打蛋器搅散，再加入牛奶搅拌均匀。
Step 3: 将所有的粉类过筛，加入到南瓜泥和鸡蛋中，搅拌成面糊。
Step 4: 把葡萄干挤干，加入到面糊中搅拌均匀。
Step 5: 把面糊放入到准备好的模具中，撒上南瓜籽，七分满即可。
Step 6: 烤箱预热，上火 190℃，下火 180℃，烘焙 25~30min。

蛋糕物语

这款南瓜马芬颜色金黄十分漂亮，吃起来口感酥软香甜，有着南瓜的香气和葡萄干的酸甜。南瓜的好处在之前的介绍中提到过，葡萄干也是补血补气的好食材，能改善贫血现象，令面容更加红润，还可以消除疲劳，提高人的代谢机能。这款南瓜马芬是非常健康的午后甜点。

下午甜点如果只是饼干，你会不会觉得过于单一？
布丁与慕斯也是很好的午后甜点，
它们更能保持蔬果中的营养，也不必使用烤箱，让制作过程更为便捷！
一款烘焙小餐点就可以让你轻松达到纤体、美容、瘦身等你意想不到的功效。

第5章

布丁/慕斯类

舌尖享受美味满分

香醇豆乳布丁
滋养细致的餐后点心

豆浆	200g
淡奶油	20g
砂糖	25g
鱼胶粉	5g
抹茶粉	20g

烘焙步骤

Step 1: 将豆浆和淡奶油混合在一起，搅拌均匀，直到奶油完全融入豆浆。
Step 2: 向豆浆和奶油中加入砂糖，然后加热一直到砂糖完全融化。
Step 3: 将抹茶粉放入碗中，加入凉开水搅拌成绿茶液。
Step 4: 将绿茶液和豆浆混合，搅拌均匀即可。
Step 5: 用开水泡发鱼胶粉，搅拌至其融化，然后和绿茶豆浆液混合。
Step 6: 将制作完成的液体倒入杯中放入冰箱冷藏，直到凝固为止。

布丁物语

这款香醇豆乳布丁入口即化，口感顺滑清新。豆乳是大豆经多种程序制出的一种饮料，不添加任何成分。豆乳具有很好的护肤效果，抗衰老，滋养和细致皮肤，还能够深层补水。这款香醇豆乳布丁用鱼胶粉和抹茶粉调和，让口味更加清新，营养也更加丰富。

杏仁牛奶布丁
光滑白皙的午后甜品

鲜奶油	100g
杏仁粉	75g
牛奶	250ml
细砂糖	100g
鱼胶粉	8g

烘焙步骤

Step 1: 牛奶加细砂糖，使用中火加热至稍稍沸腾后，关火加入杏仁粉。
Step 2: 盖上锅盖或者锡纸，焖上5~10min，然后过滤出杏仁渣扔掉。
Step 3: 将鱼胶粉加适量水后，隔水融化，把鱼胶液加入牛奶里搅拌均匀。
Step 4: 把盆放进冷水里降温，一直搅拌，将鲜奶油打发至六成。
Step 5: 根据个人喜好拌入适量的鲜奶油霜至牛奶里拌匀，然后放入冰箱冷藏3小时。
Step 6: 取出做好的布丁淋上自己喜欢的果酱，并摆上烤香的杏仁片作装饰即可。

布丁物语

这款杏仁牛奶布丁口感凉爽嫩滑，混着浓浓的奶香。甜杏仁中含有丰富的蛋白质、微量元素和维生素，能够让人减少饥饿感，令皮肤红润光泽，还不会增加人的体重。牛奶可以抗皱和滋润皮肤，还可以让皮肤更加白皙光滑。这款布丁不仅口感好，而且也很健康。

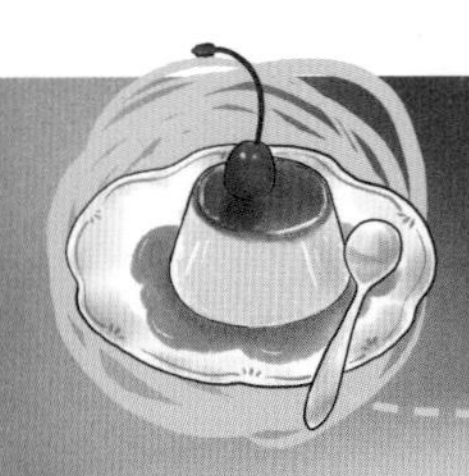

芒果布丁
美味消暑的凉爽布丁

淡奶油	80g
芒果	1个
牛奶	120ml
细砂糖	40g
吉利丁	5g
黄油	适量

烘焙步骤

Step 1: 将吉利丁泡在冰水中或者和水放入冰箱，直到吉利丁变软。
Step 2: 芒果去皮切成小丁，一部分和淡奶油一起放入搅拌机搅拌成泥。
Step 3: 牛奶加细砂糖小火加热到80℃，熄火后将吉利丁放进去搅拌融化。
Step 4: 将芒果泥放入冷却的牛奶中，将剩下的芒果丁倒入混合均匀。
Step 5: 在模具中抹上黄油，将混合后的物质倒入模具放入冰箱冷藏。
Step 6: 大概2小时之后取出布丁就可以吃了。

布丁物语

这款芒果布丁酸甜适中，美味可口，午后吃一点，必定神清气爽。芒果的果肉多汁，可以生津止渴、消暑舒神，还可以降低胆固醇，滋润皮肤。这款布丁还特别添加了牛奶和淡奶油，会使口感更加顺滑。常吃这款布丁能够让皮肤更加水嫩。但是，芒果不宜多吃，制作布丁时应少放芒果。

荔枝玫瑰慕斯
除斑光滑的抗压佳品

蛋白	78g
全蛋	57g
糖	50g
低筋面粉	34g
杏仁粉	43g
黄油	9g
荔枝罐头汁	85g
玫瑰酱	5g
时令水果	适量
鲜奶油	100g

烘焙步骤

Step 1: 全蛋与荔枝罐头汁混合低筋面粉和杏仁粉，搅拌到颜色发白，蛋白加糖与蛋糊混合，加入黄油拌匀。
Step 2: 倒在平盘上，180℃烤 10min，用慕斯圈刻出 2 片比容器直径略小的蛋糕片。
Step 3: 把鲜奶油打发后加入玫瑰酱，将奶油再打发成粉红色，放入冰箱冷藏。
Step 4: 把切好的蛋糕片垫入杯底，放少许玫瑰酱，然后挤上奶油。
Step 5: 再放入一个蛋糕片，加上玫瑰酱，挤上奶油至杯子七分满，抹平奶油。
Step 6: 在装好杯的慕斯上方放入切好的时令水果装饰，冷藏后食用风味更佳。

布丁物语

这款荔枝玫瑰慕斯清爽可口，酸甜适中。荔枝中含有丰富的糖分，能够补充能量；荔枝肉中又含有丰富的维生素和蛋白质，可以消肿解毒，止血止痛，防治雀斑，让皮肤更加光滑。这款慕斯又着重添加了玫瑰酱，让口味更加浓郁一些。这款慕斯不仅可以美容养颜，还能够为人体补充能量，工作间隙来一杯让人充满斗志。

椰香甜薯慕斯
清凉解暑的保健佳品

蒸熟的紫薯	210g
牛奶	180ml
吉利丁片	1片
鲜奶油	100g
细砂糖	30g
椰汁	20g

烘焙步骤

Step 1: 把紫薯 60g 切成丁，150g 压成泥，吉利丁片泡软沥干水分。
Step 2: 把吉利丁片和牛奶加入到紫薯泥中搅拌均匀，放凉。
Step 3: 向紫薯泥中加入细砂糖搅拌均匀，放在一边备用。
Step 4: 鲜奶油隔冰水加细砂糖打发放入紫薯中搅拌均匀。
Step 5: 把紫薯丁放入紫薯泥中搅拌均匀，再把椰汁一起放入模具中。
Step 6: 放入冰箱冷藏 4 小时以上，取出用鲜奶油装饰即可食用。

布丁物语

这款椰香甜薯慕斯味道甜美，甜而不腻，是消暑的佳品。紫薯中富含蛋白质、果胶、纤维素和氨基酸以及硒元素和花青素，具有特殊的保健功能，其营养物质非常容易被人体吸收。而椰汁中也含有蛋白质、维生素和矿物质，是非常好的清凉解渴饮品。这两者搭配在一起，既可以清凉消暑，又可以为身体补充充足的营养。

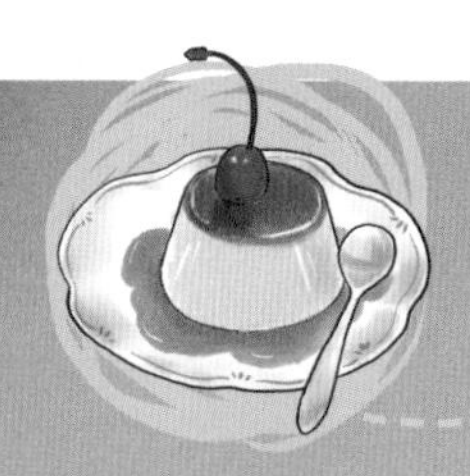

芒果慕斯
滋润可爱的消暑品

蛋黄	3个
细砂糖	60g
牛奶	100ml
吉利丁片	5片
芒果泥	250g
朗姆酒	10ml
鲜奶油	250g
戚风蛋糕	少许

烘焙步骤

Step 1: 鲜奶油打至六分发，吉利丁片泡冷开水。
Step 2: 蛋黄加细砂糖，隔水加热，蛋黄和砂糖打至发白变浓稠。
Step 3: 牛奶加热到70℃冲入蛋黄糊。吉利丁隔热水溶化，隔水加热成吉利丁溶液。
Step 4: 把溶化好的吉利丁片加入到蛋黄糊中，再加芒果泥，搅拌均匀。
Step 5: 待凉加入朗姆酒与打发鲜奶油混合。注意要用刮刀搅拌，不可以用搅拌器，否则会把奶油打硬。
Step 6: 底部放戚风蛋糕片，然后放芒果蛋黄糊，再放一层蛋糕片，再放蛋黄糊，至慕斯杯八分满。

布丁物语

这款芒果慕斯味道甜美，外形可爱。芒果果肉很多，味道又甜，深受人们喜爱，在炎热的夏季，吃芒果可以降暑，滋润皮肤，还可以降低人体的胆固醇，防止心血管疾病的发生。女性多食用芒果还可以预防乳腺癌。女性食用这款芒果慕斯，不仅对皮肤有滋润效果，还可以防治多种疾病。

燕麦慕斯
美容细肤的健康粗粮

低筋面粉	250g
黄油	100g
泡打粉	适量
鸡蛋	1个
糖	100g
慕斯液	适量
燕麦片	100g

烘焙步骤

Step 1: 黄油放在微波炉中软化，加入糖后打发，然后加入鸡蛋。
Step 2: 将低筋面粉筛入，加入燕麦片和泡打粉，混合均匀。
Step 3: 将慕斯液放入面糊中，不停翻拌，至均匀。
Step 4: 将面糊放在锡纸上，用锡纸包好。
Step 5: 将包有面糊的锡纸放在烤盘上，用勺子压一压。
Step 6: 烤箱预热至 175℃，烘焙 15min，用模具弄出形状装饰即可。

布丁物语

这款燕麦慕斯香酥可口，还带着奶酪的香味。燕麦的经济价值很高，它广泛用于营养和医疗保健中。燕麦中含有水溶性的膳食纤维，以及维生素、烟酸、叶酸和泛酸等，可以改善血液循环，美白保湿、延缓衰老等。这款燕麦慕斯保留了燕麦的特质，具有美容养颜的功效。

蓝莓酸奶慕斯
延缓衰老的抗氧化甜点

蓝莓果酱	100g
吉利丁片	1片
淡奶油	150g
酸奶	150g
黄桃	150g

烘焙步骤

Step 1: 先做蓝莓味的慕斯。蓝莓果酱加热至融化。
Step 2: 将 1/2 泡软的吉利丁加入其中进行搅拌至融化。
Step 3: 淡奶油打至六分发，与 Step1 混合均匀。
Step 4: 将剩余的吉利丁片放入取自黄桃罐头中的黄桃水里，并加热至融化。
Step 5: 冷却后，将酸奶加入，搅拌均匀。
Step 6: 将黄桃切成丁，加入 Step2 中，将打至六分发的淡奶油加入拌匀。

布丁物语

这款蓝莓酸奶慕斯酸甜爽滑，水果气息浓郁。蓝莓是营养价值很高的水果，它富含维生素、蛋白质和矿物质，还有独特的花青素以及超氧化物歧化酶，能够抑制自由基，防止细胞衰老，令皮肤更加水嫩白皙。这款慕斯又特别添加了酸奶，既可以达到抗衰老的作用，又对脾胃大有好处。

抹茶清酒冻芝士
甜味适宜的醇香糕点

奶油奶酪	60g
抹茶粉	20g
牛奶	20ml
细砂糖	30g
清酒	10ml
鱼胶片	10g
消化饼干	100g
黄油	40g

烘焙步骤

Step 1: 将消化饼干碾成饼干屑，再将黄油加热后和饼干屑混合在一起，进行冷藏。
Step 2: 鱼胶片泡在冰水中软化，隔水加热。抹茶粉用牛奶和清酒挑开。
Step 3: 把奶油奶酪打发，加入细砂糖再次打发，直到奶油奶酪变成乳白色。
Step 4: 将抹茶和奶油奶酪混合均匀，搅拌成芝士糊略显黏稠一些。
Step 5: 将 Step1 中冷藏的混合物倒入模具中（厚度约 1cm），再将 Step2 中隔水加热后的鱼胶与 Step4 中所得的芝士糊混合均匀并倒入模具中，放入冰箱冷藏 2 小时。
Step 6: 用电热吹风吹模具四周，脱模进行装饰即可。

布丁物语

这款抹茶清酒冻芝士清新爽口，有着清酒的淡淡香味。抹茶中独特的茶多酚能够抗癌和抗衰老。清酒是用大米和天然矿泉水为原料，经过多种工序酿造而成，选择的大米是米粒大、脂肪少、米心大、吸收好的大米，尤为珍贵。这种清酒独具香气，令许多人都十分痴迷。而这款抹茶清酒冻芝士不仅味道醇香，还十分绿色健康。

玫瑰布丁
美容养颜的花朵美食

干玫瑰花	20g
玫瑰花酱	2勺
琼脂	4g

烘焙步骤

Step 1: 用开水将玫瑰花冲开，泡玫瑰花茶汤，留取备用。
Step 2: 将琼脂剪成小段，然后用冷水浸泡至完全软化。
Step 3: 将泡软的琼脂放入锅中，加入玫瑰茶汤混合均匀。
Step 4: 向混合的琼脂和玫瑰茶汤中加入玫瑰花酱搅拌均匀。
Step 5: 用小火进行加热，一直搅拌到琼脂完全融化为止。
Step 6: 温度下降之后，将溶液倒入到布丁模具中，放入冰箱冷藏定型。

布丁物语

这款玫瑰布丁样子别致小巧，味道浓郁，夹杂着玫瑰花的香气。玫瑰是一种经常入药的花种，它可以舒气活血、美容养颜，令人神清气爽。玫瑰中含有多种氨基酸、可溶性糖和生物碱，维生素C的含量非常多。玫瑰花汁经常被用来制作护肤品。这款玫瑰布丁特意添加玫瑰花和玫瑰花酱，让玫瑰的营养发挥到了极致，堪称养颜佳品。

草莓布丁
滋润抗衰老的餐后甜品

吉利丁片	12 片
草莓果泥	300g
鲜奶油	30g
细砂糖	120g
牛奶	400ml
草莓丁	10g
巧克力豆	10g

烘焙步骤

Step 1: 先将吉利丁放入冷水中浸泡直到软化，捞出来和细砂糖一起放入盆内。
Step 2: 草莓果泥和牛奶一起放入锅中煮，一直到煮开为止。
Step 3: 将草莓果泥、牛奶、吉利丁和细砂糖一起搅拌。
Step 4: 细砂糖和吉利丁完全溶化后停止搅拌，然后冷却备用。
Step 5: 准备布丁模，将混合后的原料倒入布丁模中，放入冰箱冷藏。
Step 6: 3 小时后脱模，用打发的鲜奶油、巧克力豆和草莓丁装饰即可。

布丁物语

这款草莓布丁清新爽口，甜而不腻。草莓外形美观，果肉酸甜，含有的胡萝卜素可以明目养肝，对肠胃有一定的调理作用，还可以预防坏血病，在许多药物中都添加了草莓。这款草莓布丁十分适合在饭前食用，能够缓解胃口不佳。另外，女性在喝酒之后也可以食用，有助于醒酒。

朗姆酒黑巧克力慕斯
驱寒美白的抗氧化慕斯

黑巧克力	150g
朗姆酒	1匙
鸡蛋	2个
淡奶油	150g
白砂糖	35g

烘焙步骤

Step 1: 把淡奶油打发至浓稠，放入冰箱冷藏备用。
Step 2: 将锅烧开，把黑巧克力掰成小块放入其中，搅拌至融化。
Step 3: 把鸡蛋打散加入白砂糖，再把朗姆酒和黑巧克力混合。
Step 4: 黑巧克力晾凉后加入淡奶油，轻轻搅拌。
Step 5: 将鸡蛋糊和巧克力糊混合在一起，搅拌均匀。
Step 6: 把混合好的食材倒入杯子中，冰冻2小时即可。

布丁物语

这款朗姆酒黑巧克力慕斯口味浓郁，有着独特的酒香。朗姆酒是以甘蔗、蜂蜜为原材料制作出来的蒸馏酒，它还可以驱寒化瘀。而黑巧克力又有预防心脑血管疾病、抗氧化的作用，二者结合在一起，有益健康。但是，因为含有酒精，黑巧克力也不宜多食，所以，这款慕斯并不适合过多食用。

酸奶慕斯
滋润奶香的健康甜品

酸奶	适量
淡奶油	适量
水	70g
白糖	35g
白酒	35g
吉利丁片	10g
牛奶	60ml
蛋糕	适量

烘焙步骤

Step 1: 白糖加水煮化，稍冷却放入已用冰水泡软的吉利丁片，搅拌均匀，冷却后加入白酒。
Step 2: 将 Step1 放入宽而浅的密封容器里，再放入冰箱内冷藏至凝固。
Step 3: 在准备好的蛋糕底刷上糖水，铺在模具底部。
Step 4: 牛奶加白糖煮化，凉凉后放入用冰水泡软的吉利丁液中。
Step 5: 加入酸奶拌匀（酸奶不要太冰，防止吉利丁凝结）。
Step 6: 加入六分发的淡奶油（淡奶油需先加糖分）。拌匀后入模，冷藏 4 小时以上。

布丁物语

这款酸奶慕斯口感清新，有着淡淡的奶香，细细品味，香气袭人。酸奶是用新鲜的牛奶经过巴士杀菌，再添加对人体有益的有益菌，经过发酵而成。它保留了牛奶的优点，又添加了有益菌，不仅营养丰富，对人体的肠胃也十分有益。这款酸奶慕斯十分适合在午后配上一杯奶茶食用，会令人感到十分惬意。

紫薯冻芝士
养颜抗衰老的健康甜点

奶油奶酪	125g
吉利丁片	1片
紫薯	210g
淡奶油	130g
牛奶	80ml
白砂糖	50g

烘焙步骤

Step 1: 紫薯蒸熟切开，一部分趁热过筛压成泥，另一部分切丁，放置一边备用。
Step 2: 吉利丁片在凉水中泡软，沥干加入牛奶中。奶油奶酪软化后加白砂糖。
Step 3: 将碾压好的紫薯泥加入混合牛奶的吉利丁片、奶油，打发至六七分。
Step 4: 将紫薯奶酪糊搅拌均匀，并撒一层紫薯丁，再倒上奶酪糊。
Step 5: 将 Step4 中搅拌均匀的混合物倒入模具中，稍微抹平一下表面，放入冰箱冷藏 4 小时以上。
Step 6: 脱模时可以把模子放在杯子上，然后用吹风机吹四周，紫薯冻芝士便自然滑落。

布丁物语

这款紫薯冻芝士甜而不腻，酥软香甜，无论作为早餐还是甜点都是不错的选择。紫薯除了具备普通的红薯具备的营养物质之外，还有硒元素和花青素，花青素是天然强效自由基清除剂，而硒元素又是公认的“长寿元素”。因此，这款紫薯冻芝士不仅可以作为主食为人体补充能量，还可以养颜抗衰老，清除体内的自由基。

南瓜慕斯
柔嫩有弹性的早餐主食

鸡蛋	50g
植物油	8g
乳酪牛奶	8g
饼干	50g
翻糖	150g
淡奶油	100g
鱼胶粉	5g
白糖	20g
南瓜泥	80g
低筋面粉	25g

烘焙步骤

Step 1: 将蛋清蛋黄分离，取 12g 白糖加入蛋清中，打至硬性发泡，再将剩下的 8g 白糖加入蛋黄中打散。

Step 2: 倒入植物油和乳酪牛奶拌匀，继续筛入低筋面粉上下拌匀蛋黄糊，再用同样的方式倒入蛋白糊中上下拌匀。

Step 3: 倒入玻璃容器震出大气泡，烤箱 200℃预热 5min，上下火烤 10~15min 至表面上色。

Step 4: 鱼胶粉加少量凉水泡发，取一些奶油加热，放入泡好的鱼胶粉和南瓜泥拌匀，关火。

Step 5: 剩下的奶油打发，将拌好的南瓜泥倒入奶油中拌匀。

Step 6: 拌好的慕斯糊倒在蛋糕上面冷藏至凝固。

布丁物语

这款南瓜慕斯口感爽滑，香甜可口。还特别添加了乳酪牛奶和鱼胶粉。鱼胶粉可以促进细胞的新陈代谢，延缓细胞的老化，令人的皮肤柔润光滑而有弹性。这款南瓜慕斯不仅有益身体，还可以起到养颜的效果，是女性不可多得的零食。

南瓜牛奶布丁
白皙嫩滑的清热布丁

南瓜	1个
牛奶	350ml
糖	3大匙
吉利丁片	3片

烘焙步骤

Step 1: 将南瓜切开去籽，用塑料薄膜裹住，用微波炉热 5min。
Step 2: 吉利丁剪成小块，加入部分牛奶浸泡 10min 左右。
Step 3: 留下部分牛奶，其余加糖后加热，直到糖融化。
Step 4: 将盛有吉利丁的牛奶倒入锅中搅拌直到融化为止。
Step 5: 南瓜的一半去皮后用勺子捣碎放入锅中，加入剩下的牛奶搅拌成糊状。
Step 6: 将南瓜糊放入冰箱，成型后用刀切成小块即可。

布丁物语

这款南瓜牛奶布丁入口爽滑，清甜不油腻，炎热的夏季来一块，真是又爽口，又解暑。南瓜富含蛋白质、维生素和矿物质；牛奶又含有优质蛋白，与南瓜搭配，可以令皮肤更加白皙嫩滑，还可以为身体补充充足的营养。

桂花香橙慕斯
养颜健胃的甜品

橙子	1个
蜂蜜	40g
君度橙酒	少许
温水	少许
干桂花	5g
吉利丁片	2片
鲜奶油	100g

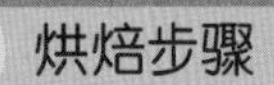

烘焙步骤

Step 1: 桂花用热水焖煮 10min，煮开后加入蜂蜜放凉备用。
Step 2: 橙子取皮，切成丝，用水煮开，去掉橙皮的涩味。
Step 3: 放白砂糖加入橙皮小火煮，把吉利丁片用温水泡软，隔水加热至融化。
Step 4: 鲜奶油打发至五分发，加入浓缩橙汁、吉利丁液，再加入君度橙酒搅拌均匀，冷却制作成橙汁慕斯层。
Step 5: 橙子取果肉，加入搅拌机搅拌成果泥备用。然后加入蜂蜜、吉利丁液、糖渍橙皮做成香橙布丁层。
Step 6: 由下至上按照香橙布丁层，橙汁慕斯层，桂花镜面层分别装入慕斯杯。

布丁物语

这款桂花香橙慕斯酸甜可口，有多重滋味，能够满足不同人群的需求。人们经常从桂花中提取芳香油，用于食品、化妆品中。桂花可以养颜美容，舒缓喉咙疼痛，对于经常胃痛和胃寒，的人卓有功效。香橙中含有对人体有益的橙皮苷、柠檬酸、苹果酸、琥珀酸、维生素 C 等，能够增强脾胃功能。

黑芝麻南瓜奶冻慕斯
护肤护发的餐后甜点

南瓜	180g
牛奶	150ml
白砂糖	50g
动物淡奶油	100g
玉米淀粉	20g
吉利丁片	10g
黑芝麻	5g

烘焙步骤

Step 1: 将南瓜蒸熟压成泥状，黑芝麻炒香备用。
Step 2: 在牛奶中加入玉米淀粉和白砂糖搅拌均匀后，加入淡奶油。
Step 3: 搅拌均匀，中火加热，边加热边搅拌，至黏稠状，离火。
Step 4: 加入南瓜泥和黑芝麻搅拌均匀，趁热加入泡软的吉利丁片。
Step 5: 搅拌至吉利丁片完全溶解，放至室温，模子垫油纸。
Step 6: 把奶冻液倒入模子中，入冰箱冷冻至硬。

布丁物语

这款黑芝麻南瓜奶冻慕斯顺滑甜腻，清凉解暑。黑芝麻药食两用，它含有优质蛋白质和丰富的矿物质、不饱和脂肪酸、维生素等，尤其重要的是，它含有芝麻素和黑色素，可以增强肝肾功能，具有很好的保健功能。对于女性来说，黑芝麻能让秀发更加乌黑亮泽，还可以养颜润肤。

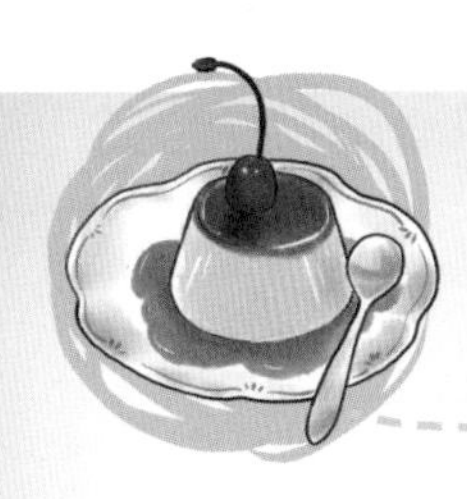

洛神花草莓牛奶慕斯
美白瘦身的小点心

自制草莓酱	150g
牛奶	70ml
淡奶油	200g
吉利丁片	2 片
奥利奥饼干	6 块
黄油	30g
洛神花	4 朵
糖	1 匙
鱼胶粉	5g
温水	适量

烘焙步骤

Step 1：把奥利奥饼干放入搅拌机制成饼干末，再将黄油与饼干末混合均匀，放入模具压平，冷藏。

Step 2：吉利丁片放入冷水中，牛奶放入微波炉加热，加入吉利丁片搅拌融化。

Step 3：取草莓酱放入牛奶中，在搅拌机中打匀。

Step 4：取淡奶油，打到七分发，奶油还能微微流动即可。

Step 5：牛奶草莓液倒入淡奶油中，将慕斯糊倒入模具，刮平冷藏。

Step 6：将洛神花泡水，取 40g 泡出的水加入 2.5g 鱼胶粉以及 1 匙糖倒入慕斯，再重复操作一遍使其变硬定型即可。

布丁物语

这款洛神花草莓牛奶慕斯口感丰富，有着浓浓的奶香和巧克力的香味。洛神花又叫做玫瑰茄，含有较多的蛋白质、有机酸、多种氨基酸、大量天然色素。洛神花对于心脏病、高血压、动脉硬化等病有一定的疗效，还能减少人体对脂肪的吸收。这款慕斯添加了草莓和牛奶，营养更加齐全，还能减肥瘦身。

菠菜慕斯
抗衰老的蔬菜慕斯

菠菜	50g
鸡蛋	2 个
鸡高汤	50ml
淡奶油	50g
蒜香橄榄油	1/2 大匙
黄油	适量
盐、胡椒	适量

烘焙步骤

Step 1: 菠菜洗净，放沸水中焯水 1min。
Step 2: 将菠菜沥干水分，切粗段。
Step 3: 平底锅里炒香蒜香橄榄油，加入菠菜轻炒。
Step 4: 搅拌机里放入鸡蛋、淡奶油、鸡高汤和炒好的菠菜。
Step 5: 加盐和胡椒粉后搅打细滑略有颗粒状态，模具内涂黄油。
Step 6: 将慕斯倒入模具里。隔水加热，上下火预热至 160℃，烘焙 30min。

布丁物语

这款菠菜慕斯制作简单，口味清新自然，有嚼劲儿。菠菜中含有丰富的维生素 A 和维生素 C 以及矿物质，在所有的蔬菜中，菠菜的维生素 C 含量是最高的。菠菜有清热的作用，还可以抗衰老，对于多种疾病都有辅助治疗作用。这款慕斯将菠菜添加进来，让蛋糕也弥漫着清新的菜香，独具匠心。

经过前面内容的学习，相信你已经成为一个烘焙高手，
虽然在选材以及制作上，都以低糖、低热量为标准，
但是，搭配不当也会让你前功尽弃！
所以学会了烘焙就需要知道烘焙小餐点的搭配秘诀，
以及如何利用它作为减肥瘦身的利器。

第6章

美味不妥协

烘焙甜点健康要诀

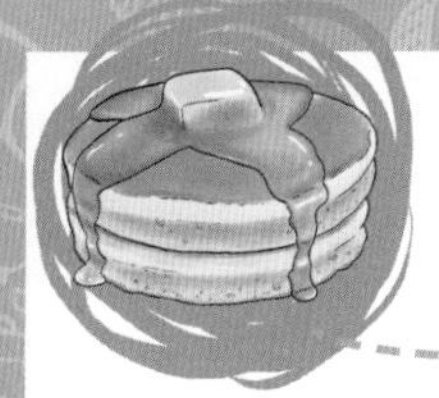

正确搭配饮品才能避免卡路里过量摄入

一杯饮品一份西点才是下午茶的标配，没有饮品搭配的西点注定会失去更多品味美食的乐趣。不过，面对林林总总的饮品选择，把好减肥关，找到最具纤体功效的一款很有必要。

柠檬水

柠檬水是非常受欢迎的减肥饮品之一。每天早上配合西点来一杯柠檬水能帮助你促进肠道蠕动，清空体内堆积毒素，对减肥具有积极的推动作用。而且柠檬富含维生素 C，可以补充减肥过程中流失的维生素，酸酸甜甜的柠檬水还能一解西点的甜腻。

蜂蜜水

研究证明，蜂蜜中的主要成分有葡萄糖和果糖，很容易被人体吸收利用。经常饮用蜂蜜水还能帮助你排出体内毒素，有美颜润肤的功效。每天早餐后 40min 和晚上睡觉前 40min 配合西点喝一杯蜂蜜水，能让你轻松快速瘦下来。

普洱茶

普洱茶具有超强的抗氧化功效，也是备受欢迎的减肥饮品。经常饮用普洱茶有助于改善新陈代谢和调节人体的血糖，能促进肠胃消化，消除水肿，加速脂肪分解与燃烧。下午茶时间是食用西点的最佳时间，这时候配上一杯普洱茶，享受美味的同时不用再担心会摄入过多的卡路里。

原味豆浆

豆浆不仅营养丰富，而且热量很低，豆浆中的蛋白质、异黄酮、配糖体等成分还会不断地刺激你体内的脂肪细胞燃烧，最适合减肥族饮用。另外，豆浆还能帮助排出体内累积毒素，让你的身材更轻盈。不过加了糖的豆浆会让热量升高，原味的无糖豆浆才是减肥纤体的最佳选择。

苹果醋

大量喝醋对肠胃刺激太大，但稀释的果醋对减肥可是非常有利的。发酵的苹果醋中含有果胶，这种果胶可以帮助降低脂肪含量。苹果醋中还含有丰富的氨基酸及多种不饱和脂肪酸，经常喝能加速肠道蠕动，促进餐后消化。

果蔬汁是减肥族瘦身食谱里的常客，外面售卖的果蔬汁不仅有掺水的可能，各种辅料的添加，还会让热量飙高。在家自制烘焙的你不妨为自己搭配一杯低卡果蔬汁，轻松排毒瘦身。

芹菜哈密瓜汁

原料：芹菜 2 根、哈密瓜 1/4 个

做法：哈密瓜去皮、去籽切丁，芹菜洗净切段；将哈密瓜丁、芹菜放入果蔬榨汁机中，加适量矿泉水，榨汁后加蜂蜜调匀即可饮用。

功效：哈密瓜含有丰富的维生素，有润泽皮肤、淡化斑点的作用。芹菜富含纤维素，能帮助排除体内废物与毒素，二者混合打汁加强了利尿排毒的功效，瘦身养颜一举两得。

胡萝卜西兰花汁

原料：胡萝卜 1 根、大西兰花 1/2 个、红辣椒 1 个

做法：蔬菜洗净，去掉辣椒的蒂和籽；将所有蔬菜切成大小合适的块或片；混合榨汁，搅拌均匀后即可饮用。

功效：胡萝卜和辣椒的甜味刚好可以中和西兰花的苦味，混合打汁的味道非常好。胡萝卜汁含有丰富的植物纤维，能提高人体新陈代谢，从而达到自然减重的日的。味道浓郁的西兰花和辣椒则能抑制人体进食甜食和油腻食物的欲望。

萝卜金橘菠萝汁

原料：白萝卜 1 根、金橘 5 个、菠萝 1/2 个

做法：将金橘洗净留皮切半，菠萝、白萝卜洗净去皮切片后，连同金橘用分离式榨汁机榨出原汁即可饮用。

功效：金橘含有丰富的苷类，具有促进消化的作用，餐后食用能排油解腻。菠萝中的酵素能帮助分解蛋白质，使肠胃里的肉食更易消化。白萝卜的辛辣成分可以加强身体代谢，让你变成不易胖的体质。

在正确的时间吃甜品，不用担心会发胖

如果你就是爱甜点成瘾，过度忍耐反而会囤积压力，所以不如算准时间和分量，选择最聪明的方式享用甜品。在正确的时间吃甜点，吃了也不用担心会囤积太多热量。

血压低者早上 8 点吃点甜点

有些人工作到上午 10~11 点钟的时候就会出现头晕目眩以及脚冰凉的情况，甚至有时候连说话的力气都没有，这些都是血压低的典型症状。血压偏低的女性可以在早餐摄入适量的糖分，如此才有足够的精力应对一早上繁忙的工作。你可以选择一些比较甜的西点当做早餐，比如巧克力马芬、香蕉戚风蛋糕、苹果派等，可以预防低血压症状的出现。

下午 4 点是吃甜品的最佳时间

下午 4 点是下午茶的时间，也是吃甜点的最佳时间。这个时候吃甜点不仅不会对人体造成不良的影响，反而还可以起到消除疲劳、调整心情以及减轻压力的作用。不过，要注意把握好食用的分量，吃到七分饱就差不多了。最好配合一些低热量的饮品，比如普洱茶、柠檬水一起食用，千万不要大肆放开胃口狂吃。

减肥族晚上 7 点后别吃甜点

原则上人体的血糖值会在固定时间下降，所以如果在血糖值下降的时间用餐的话，所摄取进来的热量会被身体、脑的活化作用而消耗掉。在固定时间外的进食，则很容易让你增加赘肉。晚上 7 点后大部分人已经结束了晚餐，此时如果再进食甜点，只会让过量的糖无法完全被消化代谢，很容易长胖。

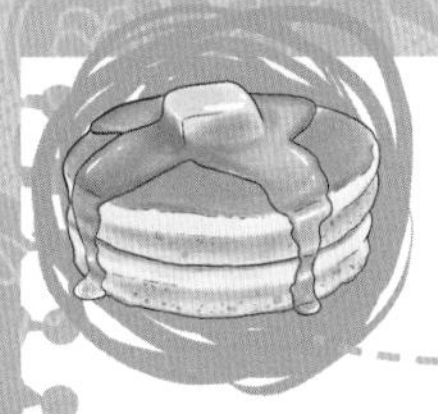

晚间吃烘焙小点也不会胖的方法

吃甜点不会胖？怎么可能！不过，忍不住想吃，却又担心长胖的女性只要记住以下要点，就算是晚间吃烘焙小点，也能大大降低致胖的风险。

控制分量

烘焙小点的热量虽然比一般食物高，但只要吃得适量，就不会增加体重。如果你不想戒掉美味的甜点，又有减肥纤体的计划，就要事先严格遵循减肥食谱，然后严格控制烘焙小点的食用量，分量最好要控制在平时的 1/3~1/2。

避免空腹吃

当人处于空腹状态时，热量吸收的效果是最好的，而且很容易在不知不觉中就多吃很多。如果实在饿得不行，可以先吃点低热量的食物填饱肚子，如原味酸奶、新鲜水果或苏打饼干，然后再继续吃甜点。你会发现，这时候你想吃下的分量比平时要少得多。

高热量甜点饭后吃

高热量点心如芝士蛋糕、巧克力华夫饼放在饭后吃比较好。因为饭后肠胃内会消化食物纤维，此时再摄入甜点，甜点会与食物纤维一起消化，热量吸收会比较少，而且还能帮助控制分量，不容易吃太多。

严禁甜点当夜宵

晚上临睡前，身体对热量的吸收有神奇的力量。如果你在这时候把甜点当成夜宵大吃一顿，然后又马上上床睡觉，那么血糖就很容易转化成脂肪留在你的体内。而且夜宵吃得过多，还会影响睡眠质量，也不利于消化。

配合适量运动

活动少的时候，甜点更要少吃。周末待在家很容易因为心情放松会一不小心吃太多，这时你可以在家做一些简单的运动帮助消耗热量，比如围着客厅沙发慢走 5 圈或在原地踏步 20min。

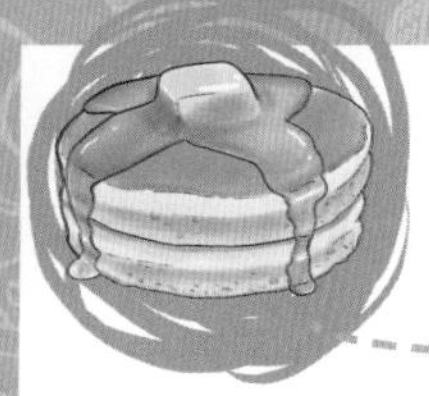

活力纤体烘焙甜点早晨搭配要诀

营养健康的早餐组合离不开蛋白质、碳水化合物、维生素这三大要素，从健康出发，平衡搭配早餐，让你轻松享受烘焙甜点的同时，活力精神一上午。

全麦切片面包＋低脂牛奶

在起床后的1小时内可以吃些全麦面包，再配合含有蛋白质及少量脂肪的牛奶，这可以说是最受欢迎的早餐组合。谷类能提供稳定的热量，而蛋白质和脂肪能给人饱腹感，还能维持血糖正常。牛奶中还含有丰富的钙质，瘦身时也同样需要补钙，这种早餐搭配比较适合忙碌的上班族。

红薯低糖饼干＋水煮蛋

薯类食物不仅富含维生素和矿物质，还含有丰富的膳食纤维素。膳食纤维能帮助加快肠道蠕动，让肠道顺畅，从而起到排毒纤体作用。低糖的制作方法能减少烘焙甜点的热量，更能控制卡路里摄入。水煮蛋的做法强调少油少盐，比传统的煎蛋更健康，也更有助于纤体瘦身。

豆腐蛋糕杯＋水果沙拉

豆腐含大量的植物性蛋白质，吃进肚里易饱经饿，容易有饱腹感，而豆腐含有的植物性微量元素特别丰富，有助于排出多余水分，提高消化功能，特别是针对腹部的脂肪尤其有效，而且还是补钙食品。水果沙拉则提供了宝贵的维生素，不过要注意高热量的沙拉酱要少放，或者干脆不放。

鲜蔬三明治＋黑咖啡

三明治好做又方便，是白领一族最爱的健康食物。将黄瓜、生菜、番茄、洋葱等缤纷鲜蔬取代高热量的培根、煎蛋，能让你在饱腹的同时少去增肥的烦恼。而且营养的蔬菜还能提供一日所需维生素，让你精神一上午。低热量的经典黑咖啡则施展排水利尿的作用，对舒缓早晨的水肿性肥胖效果显著。

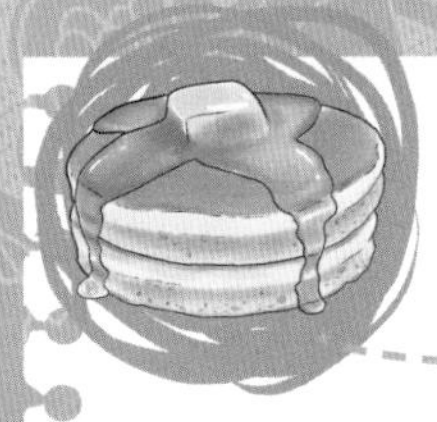

避免热量超标的代谢喝水法

无论再怎么小心翼翼地进食烘焙甜点，你的身体都需要为摄入的热量埋单。良好的代谢循环能让恼人的热量快速消耗。比起需要毅力坚持的运动，聪明喝水代谢法也能为减肥助力。

起床后先喝杯水

早上起来，经过一夜睡眠的身体会处于水分不足的状态，此时最好喝 1 杯水来缓解脱水状态。注意，早晨补水都不要太多，1 杯 150~200ml 的温水刚刚好，能避免对水分代谢机能带来过重的负担。

下午喝水减赘肉

肥胖最主要的表现形式就是赘肉。下午茶时分，正是人觉得疲惫、倦怠的时候，此时最容易因为心情不好而摄入过多热量，代价就是收获沉甸甸的赘肉。这时候不妨喝一杯不加糖的花草茶来舒缓心情。同时花草的气味还能降低食欲，也能为只吃七分饱的晚饭打下埋伏。

晚饭前先喝杯水

吃饭前可以先喝 1 杯水，这样做不但是为了补水，还能微微增加饱腹感，从而起到控制食欲，减少饭量的作用。而吃饭的时候你也可以适当补充水分，不喝白开水也没关系，饮用营养的汤水也可以。

运动时定期喝水

运动时及时补充水分是必须的！不要等到自己大汗淋漓、口渴难耐的时候再喝水，那时身体已经严重缺水了。最好每次隔 15min 或半小时给自己补充一次水分，每次 150ml 左右。如果是运动减肥，1 小时内别喝高糖分的运动饮料，矿泉水才是你的最佳选择。1 小时以上的运动量，可以选择低糖的运动饮料。

一天最多别超过 8 杯水

喝水能减肥，但并不意味着喝水就要毫无节制。短时间内过量饮水，会导致体内电解质稀释，从而引起“水中毒”。一般而言，每天喝 8 杯水较为适宜。喝水的时候不要一口气喝光，小口慢饮才是最健康的喝法。

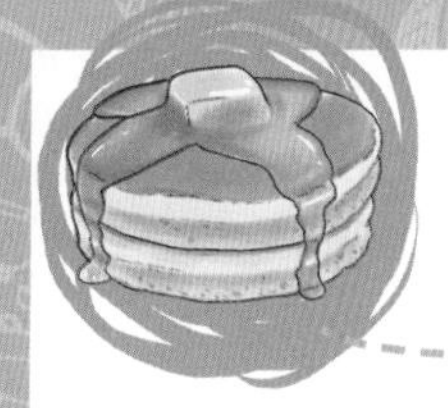

正在节食的人要避免的一些甜品和餐点

烘焙甜点热量各异，懂得为自己选择才能避开增胖的高危区。一起来盘点高危的甜点代表，有减肥纤体计划的你可千万别碰！

高危甜点 Choice：慕斯蛋糕

慕斯蛋糕是一种奶冻式的甜点，奶油、牛奶和糖是慕丝的主要材料。可想而知，它对你的苗条身材有多大的威胁！一杯普通的慕丝约含有 340cal，如果你选择的口味是巧克力或者榛果口味的，糖分和脂肪的含量更高，热量也更高。

高危甜点 Choice：芝士蛋糕

芝士就是常说的奶酪，是一种高脂肪食品，营养密度和能量密度都很高。制作芝士蛋糕的主要材料为牛油、芝士和奶油，芝士蛋糕脂肪与糖分含量极高，单是饼底就几乎全是糖！吃下一块芝士蛋糕，你就立刻收获 400 多 cal、相当于吃下 5~6 勺的糖和油。芝士含量越高，热量也就越高，减肥族更要避开重芝士蛋糕。

高危甜点 Choice：缤纷华夫饼

华夫饼往往加入大量糖浆和奶油，还常常用巧克力、坚果碎做装饰。虽然外表缤纷诱人，却是高热量甜点的代表。外加的材料越多，意味着热量往往就越大。一杯未加糖的鲜奶油已含有 400 多 cal，每加一汤匙的糖浆就附带 50cal。所以说，外表越缤纷的华夫饼就越危险。

高危甜点 Choice：巧克力派

众所周知，巧克力是一种高热量食品，其中脂肪含量相当高，每 100g 的巧克力就有 586cal 的热量。制作巧克力派除了添加巧克力酱，往往还加入黄油、糖、奶等高热量配料，热量更高。吃下一块巧克力派，你至少需要半小时的运动才能消耗摄入的热量。

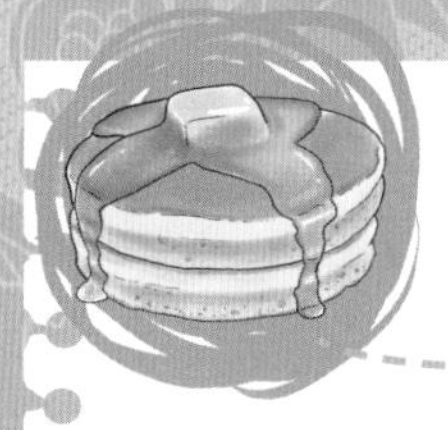

这些状态下吃烘焙甜点大有益处

烘焙甜点魔力非凡，让人吃一次就忘不了。别以为甜点是增胖的万恶之源，在一些特殊的状况下，适时吃些甜点不仅对身体有益，还能有效振奋情绪。

压力爆棚时

当你感觉到压力“火山”即将要爆发时，不妨吃些烘焙甜食来缓解紧张焦虑的情绪。更重要的是，吃甜食还能激发你体内的“快乐因子”，让你的心情瞬间好转！不过为了避免情绪化地暴饮暴食，一定要控制好分量，不要贪嘴多吃。这样在缓解压力的同时又不会造成肥胖的心理负担。

准备开车前

美国科学家曾对数百名驾驶员做过这样一个试验：当驾驶员按要求每天下午 2 点吃些巧克力、甜点或甜味饮料时，可以提高驾驶注意力，发生驾驶事故的几率也随之下降。所以，当你准备开车外出时，可以先来一块可口的烘焙甜点，振奋一下精神。

身体疲劳时

甜点能让疲劳的身体迅速恢复活力，比如备受追捧的巧克力派。巧克力中含有一种叫“可可多酚”的物质，能促使心脑血管扩张，改善血液循环，增加血流量，从而为身体提供能量，缓解疲劳。用黑巧克力制作的甜品抗疲效果更好，因为黑巧克力富含镁离子，具有安神、抗抑郁的作用。

女性补益时

糖不仅可以为人体提供能量，还具有补血润颜的作用，特别适合女性食用。身体虚弱的女性在经期如果感觉不舒服，医生会建议你多喝红糖水。除了红糖水，带有甜味的点心也同样有出众的抚慰的作用，能让心情低落的你慢慢恢复过来。

运动前后

运动医学研究证实，如果在剧烈运动前补充少量糖分，可以帮助运动员提高成绩。在运动之后及时补糖，则可以消除疲劳。最重要的是，在运动前吃甜点增胖的风险会大大降低，因为运动会帮助你消耗摄入的糖分。

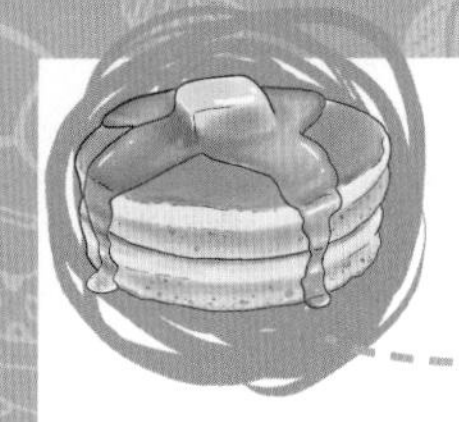

吃烘焙吐司不易发胖的技巧

烘焙里的经典单品——吐司引得无数人喜爱，想起来就馋人，连正在减肥的你也对它望眼欲穿。不过，吐司也有不少致胖雷区，吃对了吐司才能为减肥助力。

不要涂太多果酱

首先就是注意与面包相配的调味料，大多数人不爱吃白口吐司，于是就在上面加了各色果酱或者做成三明治。不过，吐司在制作过程中已经加入了大量的糖和奶，如果此时再涂上高热量的果酱，如草莓酱、花生酱，吐司的热量将剧增。如果你不打算在吃了吐司后进行运动，那千万忍住一时的口腹之欲，别涂太多的果酱。

注意三明治的夹馅

夹有培根、煎蛋、午餐肉以及各种酱料的三明治热量和油脂量都偏高，它的热量丝毫不亚于一份红烧肉，有减肥计划的你还是少吃夹馅三明治。如果觉得无馅的三明治太寡淡，可以夹一点低热量的生菜、番茄片，热量适中，而且营养也更均衡。

将吐司烤得更酥脆

与白色柔软的吐司相比，吃烤得酥脆的吐司的咀嚼次数自然增加。因为有研究证明，咀嚼可帮助刺激掌管饱腹感的中枢神经，即使只吃少量的吐司，在细嚼慢咽的状态也更容易获得饱腹感。如此一来，你摄入的食物分量就比平时要少。

吃含丰富纤维素的吐司

富含纤维素的吐司是减肥族的热门之选，因为纤维素能抑制身体中糖分及油脂的吸收，防止肥胖出现。面包店售卖的全麦吐司就含有铁、维生素B、维生素E，纤维素等营养，常吃不仅有助瘦身，还可以降低患心脏病和癌症的风险。

肠胃不好的人少吃吐司

吐司制作中需要添加酵母粉帮助发酵，肠胃不好的人要少吃，否则容易产生胃酸。肠胃不好的人可以吃些碱性的烘焙点心，比如苏打饼干。

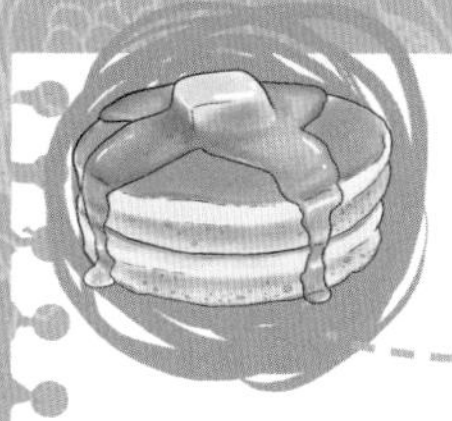

吃对面包，纤体轻松无烦恼

面对货柜上琳琅满目的面包，是不是觉得难以挑选？仅仅根据口味挑选虽然满足了口腹之欲，却往往给纤体带来隐患。吃对了面包，纤体轻松无烦恼！

夹心丹麦包

纤体指数：★★☆☆☆

丹麦面包制作中需要加入 20%~30% 的黄油或起酥油，这样才能形成特殊的层状结构。从减肥的角度来看，这类面包热量太高，而且可能含有反式脂肪酸，如果再加上糖分较高的巧克力夹心，热量更升级。所以有减肥计划的你应该尽量少吃，每周最多不要超过一个。

杏仁面包圈

纤体指数：★★★☆☆

加入黄油的面包圈，由于含有一定量的脂肪和胆固醇，令健康指数大打折扣。不过额外增加的杏仁片则增加了膳食纤维、不饱和脂肪酸和矿物质等营养，杏仁中的纤维素大大抵消了它本身含有的热量。

意大利面包

纤体指数：★★★★☆

仅仅在面粉中加入一点盐发酵就制成了低卡健康的意大利面包。由于这种面包不含任何糖分和脂肪，是健康的好选择。意大利面包口感较为清淡，不咸不甜。如果从中间切开，加入一点鲜蔬片，就是一个不错的三明治了。

法棍

纤体指数：★★★★☆

正宗的法棍原料很简单，只有 4 种：面粉、水、酵母和盐，不加入一点油和糖，热量较低，是适合减肥族的纤体之选。法棍口感上外皮松脆，内里松软，可以在减肥期间作为主食食用。

黑麦面包

纤体指数：★★★★★

黑麦面包与全麦面包一样，是最健康的面包之一。黑麦面包含有丰富的膳食纤维，可以帮助肠道蠕动，还能让人较快地产生饱腹感，从而间接减少摄取量，有助减肥纤体。由黑麦制成的面包相对全麦面包还有低糖、高钙、富含硒的特点。

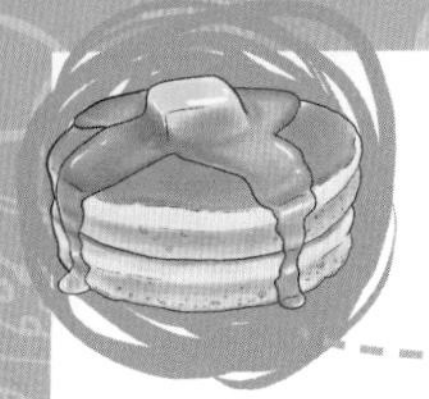

四种有益减肥纤体的烘焙饼干

烘焙饼干香脆可口，让爱吃的人幸福感满满，可吃下后发胖的烦忧随之而来。如果不想戒掉对饼干的“真爱”，那么你得擦亮双眼，耐心寻找那些足够低热量的饼干。

五谷饼干

用缤纷五谷烘烤而成的饼干，不仅营养丰富，还含有对身体有益的纤维素，而且卡路里极低，特别适合减肥族食用。最重要的是，五谷饼干饱腹感明显，能帮助你减少后续餐食的分量。如纤维棒般酥脆的口感，一口一块，满满都是甜蜜的满足感，而且还不用担心会发胖！

抹茶饼干

饼干是办公室一族常备的零食，不过那些带有浓浓芝士和巧克力酱的饼干都是增胖的高危雷区，带有日式风情的抹茶饼干才是纤体的最佳选择。抹茶饼干的卡路里比芝士饼干要低得多，而且吃多了还不容易上火。来自抹茶粉的淡淡涩味还有一定抑制食欲的作用，它既能当零嘴解馋，还具有减肥瘦身的作用。

燕麦饼干

美国营养学家曾对含有同样能量的 17 份食物进行了一项测试，研究结果表明：最容易让人产生饱腹感的是燕麦饼干，而巧克力甜饼和奶油蛋糕则是最不容易让人觉得饱的烘焙甜点。对于血脂、血糖偏高的减肥族而言，适当吃些燕麦饼干，既能吃得少吃得饱，又可以降低总体热量的摄入。

无馅饼干

挑选低卡饼干的最重要的一项原则是避开各种夹心饼干，因为它们的热量远远高于无馅饼干。不加馅的纯饼干脂肪和糖分普遍都较低，热量也较低。例如海盐饼干、红茶饼干等，都是健康低卡的饼干。不过，需要注意的是，消化饼干即使无馅，含有的脂肪也往往比其他饼干偏高，热量也会更高。

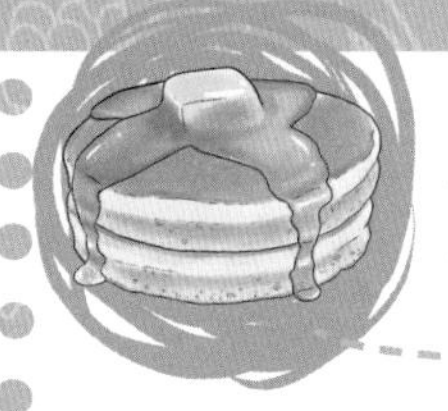

烘焙甜点瘦身饮食法

一想到甜蜜的提拉米苏和刚出炉的草莓蛋糕，总会让人垂涎三尺。甜点虽然味美，却对身材是极大考验。为了你的身材，是时候在吃法上动动脑筋了，找准要点，越吃越享“瘦”。

蛋糕类

热量分析：蛋糕是烘焙甜点中热量较高的一类，因为往往加入了大量的奶油和糖。各种装饰辅料，如巧克力片、坚果碎、果酱等都会让蛋糕的热量加码。其中，美味的重芝士蛋糕热量最高。

建议分量：

重芝士蛋糕：1/3 块。

提拉米苏：1/2 块。

奶油蛋糕（奶油少量）：1 块。

Tip：一份蛋糕两个人分着吃是不错的方法，因为一边吃一边聊天还可以减慢进食的速度，让饱腹感更明显。而且，与他人一起分享，会让你“自动”降低摄入的甜点分量。

面包类

热量分析：面包以低甜度或者全麦的比较好，但是由于面包属于精加工食品，因此加工的过程也会产生热量，而那些淋了巧克力和有奶油、香肠夹心的热量则更高，减肥族应该要避开。

建议分量：

甜面包（小）：1 个。

夹肉式汉堡或热狗：1/2 个。

甜甜圈：1 个。

三明治：1/2 个。

Tip：在所有面包中，吐司的热量较低，而甜味的夹馅面包以及丹麦面包的热量较高，食用时可根据自身情况进行选择。

饼干类

热量分析：虽然饼干的热量没有巧克力高，但也属于高热量食品。和面包相似，饼干要选择甜度较低的。而那些看起来油腻腻的饼干则是减肥的大敌，不适合大量食用。

建议分量：

苏打饼干：5 ~ 6 片。

普通饼干：4 ~ 5 片。

奶酥饼干：2 ~ 3 片。

夹心饼干：3 块。

威化夹心：3 块。

巧克力派：1 个。

Tip：在此类点心中，巧克力派的热量最高，虽然口味香浓，但建议最好不要多吃。而食用的时间也最好选择在早餐时刻。

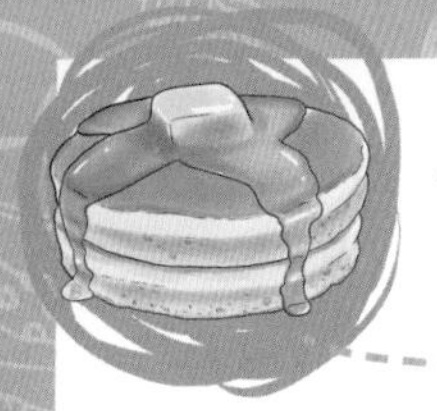

下午茶烘焙甜点搭配不胖秘诀

想要拥有一个完美的下午茶时光，吃什么和怎么吃同等重要。仅仅有美味的甜点不仅单调乏味，还很容易让你发胖。掌握下午茶不长肉的秘诀，轻松畅享好时光，赶走肥胖焦虑。

选好甜食搭档

我们必须学会合理搭配甜食，让它真正做到甜而不胖。平日里，吃甜食可以搭配一些热量较低的点心，如果冻、酸奶、水果或苏打饼干。奶酪、果脯、巧克力豆这些高脂肪、高糖分的甜食不适合再搭配甜点食用，它们会让你一次性摄入的热量翻倍。

搭配纤体茶饮

吃甜食的时候，身体的血糖值会上升并分泌胰岛素，帮助脂肪储存。而茶叶中所含的儿茶素除了能让茶有苦涩的口感，也有促进新陈代谢，减少脂肪形成的作用。清淡的普洱茶、红茶和绿茶都是绝佳的减肥茶饮，尤其是普洱茶，经久耐泡，特别适合减肥族饮用。要注意的是，不要为了改善口味在茶中加糖，清淡无糖的茶水才对减肥有益。

加入水果辅餐

吃甜点的时候，可以搭配一些新鲜水果。草莓、蓝莓、桑葚、猕猴桃这些酸味水果不仅能中和甜点的甜腻感，还含有丰富的维生素，对纤体美肤有益。而且水果中还含有丰富的膳食纤维，可以增强饱腹感，让你不知不觉中就减少甜点的食用量。

运动量决定摄入甜点热量

一般来说，点心最好约占每天身体需要热量总值的 10% ~ 20%。活动量小的人每天点心热量的容许范围是在 150 ~ 200kcal，运动量中等的人是在 250 ~ 300kcal，而大运动量的人可以在 400 ~ 500kcal。

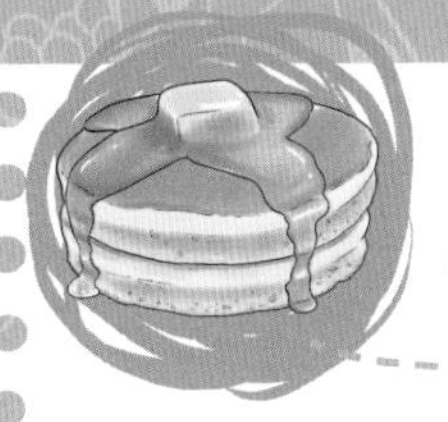

改变甜食进餐顺序，轻松享“瘦”

每次吃点心总在饭后吃？小心！饭后吃甜食不仅会给肠胃增加消化负担，身体也难以快速消耗摄入的热量。其实只要改变一下平日的进食顺序，巧吃点心也能轻松享“瘦”。

用餐顺序：甜点→蔬菜→鱼肉→米饭

1. 一小块甜食平衡血糖

在正式进餐前吃一小块甜食，如 1/2 块戚风蛋糕，能增加你的饱腹感，这可以使后续进食的主餐分量比平时要少。1/2 块蛋糕的卡路里不至于让你长胖，却能让体内的血糖不至于太低。因为过低的血糖会明显增加你的饥饿感，使得你在正式进餐时难以控制食量，一下子就会吃很多！

2. 蔬菜促进肠道消化

新鲜蔬菜中富含纤维素，具有减缓糖类吸收的功效。吃甜食后再吃蔬菜不仅可以减缓糖类被身体吸收，还可以借由咀嚼增加饱足感，防止吃太多。另外，蔬菜中的纤维素有清除肠道，扫除体内毒素的作用，让你的身体更轻盈。

3. 摄取蛋白质产生饱腹感

鱼肉、鸡肉等白肉类含有的蛋白质，是形成肌肉和组织很重要的营养素，减肥中一定要充分摄取，否则再怎么挨饿也瘦不下来。由于消化所花费的时间较米饭多，充分摄取蛋白质较难产生空腹感，因此对减肥有益。

4. 难消化的米饭放在最后吃

一旦摄取糖类，血糖值就会跟着上升。而肥胖的原因之一，就是血糖值骤升。为了让血糖值缓慢上升，含有许多醣类的米饭类要在用餐的最后再吃。吃米饭的时候，以细嚼慢咽为宜。

两餐间隔时间过长可吃甜食

如果午餐、晚餐两餐间隔的时间超过 5 小时以上，就可以考虑在间隔的时间里加一小块点心。因为长时间的空腹会造成血糖过低，容易出现低血糖症状，而点心能为身体及时补充糖分。

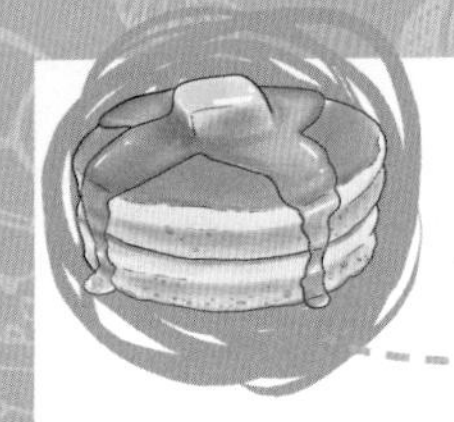

坚持少糖少油的健康烘焙理念

健康饮食越来越受到人们的重视，对于烘焙而言，有更多的人倾向于制作少糖少油的甜点。少油少糖虽然会对口味带来些许影响，但为了你的健康，这些妥协和调整十分有必要，也很有意义。

使用木糖醇

对于有糖尿病的人或者想降低热量的人而言，选择无糖烘焙可以让你继续享受甜点的美味，也不用担心糖分对身体造成的危害。用木糖醇代替常规配方里的白糖，就能制做出安心的无糖甜点。每克木糖醇仅含有 2.4cal 热量，比其他大多数碳水化合物的热量少 40%，可以作为高热量白糖的代用品。需要注意的是，每个人每天摄入的木糖醇最多不要超过 50g。

减少 30% 糖分

大部分烘焙配方里的糖，都可以在 30% 的范围内调整，且并不会对成品造成太大影响。如果你正处于减肥期，或者你是一个健康饮食的拥护者，那就毫不犹豫地减少 30% 的糖分吧。如果配方里含有油脂等其他食材，请一定不要随意增减，这会导致烘焙的成品失败。

黄油要适量用

每 100g 黄油含有的热量高达 888kcal，为了纤体着想，那些不用经过打发而且没有突出味道的甜点，比如带馅的面包，加干果、巧克力豆的饼干，可以将配方里的黄油换成玉米油等没有特别味道的植物油。但如果是制作曲奇或是突出黄油本身香味的面包，就不要轻易替换，这会使成品口味大大改变。

别用植物奶油

植物奶油是用大豆油经人工加氢制造的产品，其口感和烹调效果类似黄油。不过植物奶油主要成分是反式脂肪酸，食用后会产生低密度脂肪，会使心脏病，冠心病，动脉粥样硬化的发病几率大幅上升，对身体危害比较大。所以，即使价格极具诱惑力，也不要使用植物奶油进行烘焙。